手作布玩偶

廖娟 · 著

重慶出版集團 重慶出版社

enjoy life

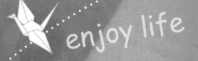
enjoy life

序

　　布偶被人们热爱是在我做设计师的时候才知道的。我一直以为那些可爱的布料小玩偶们只会是女孩子和儿童的玩伴。直到有一天，我看见一个可爱的澳洲男人，把我设计的那一大堆布偶抱在胸前，一副怕被别人抢走的样子，我才第一次感受到，原来小布偶们可以让人变得这么可爱，包括那些大男人们。这时候你一定会想起憨豆先生，还有那只棕色的小布熊。精品店里躺了一群那样的小熊，不过因为机械大量的生产，熊熊们长得都不太端正。做设计师的时候，所有的布偶都被要求有一个使用功能，可爱的布偶们因此与我们的生活变得更加亲密起来。所以我沿着心中的感觉，做了这本带功能的布偶书。这个夏天，穿着我的娃娃蓬蓬裙，提着小刺猬的手袋确实引来很多羡慕的目光；猫头鹰零钱袋的身上做了pop风格的刺绣；小睡猪的背上满覆成熟的覆盆子；蓬蓬羊的坐垫由泡芙组成，好柔软啊……

　　如果你也喜欢用小布偶装饰你的空间，如果你厌倦了街头千篇一律的布偶，那么请跟着我一起，做一个你心中喜欢的布偶吧。

JAN

2010-5-18

sweet

6

目 录

contents

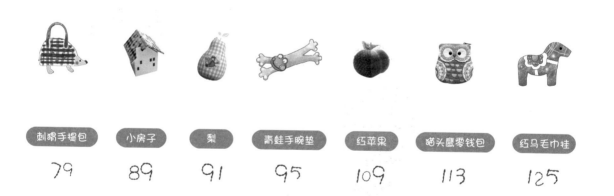

刺猬手提包	小房子	梨	青蛙手腕垫	红苹果	猫头鹰零钱包	红马毛巾挂
79	89	91	95	109	113	125

做自己想做的，享受"布"一样的美妙生活。

Tools

工具介绍

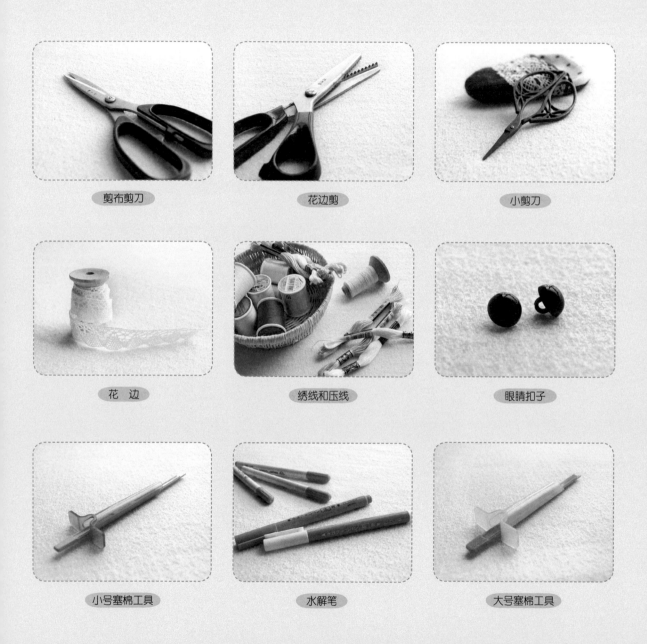

剪布剪刀

花边剪

小剪刀

花 边

绣线和压线

眼睛扣子

小号塞棉工具

水解笔

大号塞棉工具

花瓣形固定针

针 插

各式布料

各色不织布

PP棉

卷 尺

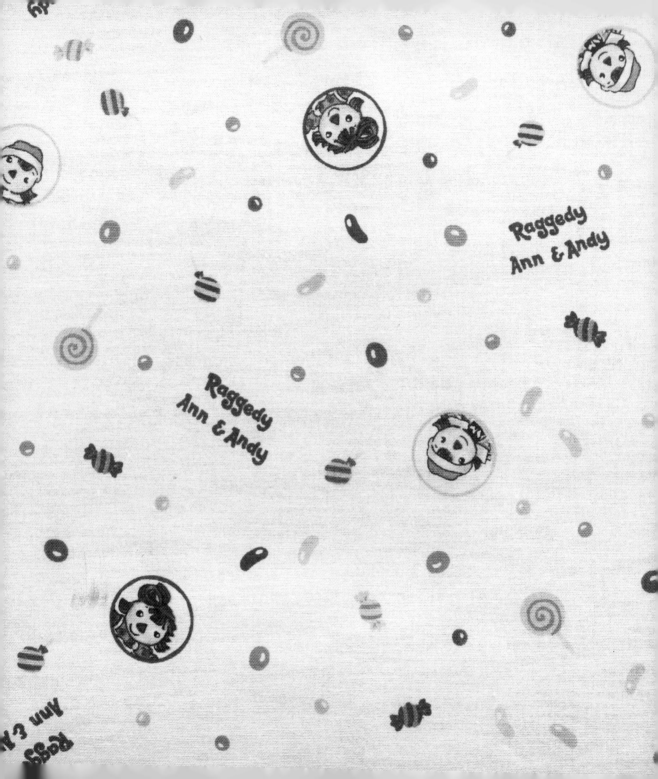

小猫
手机包

所需材料：

米黄棉麻、蓝色格子棉麻、浅蓝小花布料、淡蓝色棉麻、PP棉、铺棉、塑料暗扣、条纹花布、白底四叶草棉布、西瓜红格子棉麻、音乐布标、水蓝色小狗牙花边，咖啡色、桃红色、黑色、淡蓝色、粉红色绣线各少许，蓝色星星扣一颗。

enjoy life

制作过程：

1 剪裁白底四叶草的布料一块。

2 剪裁淡蓝色的棉麻一块。

3 用花瓣针固定好两块布料，并车缝固定。

4 把拼接好的布料展开，做两块这样的布料备用。

5 剪裁条纹布料一块做小猫的裙子。

6 准备水蓝色的小狗牙花边一段。

7 把花边车缝固定在裙摆边上。

8 照图示折一个立体裙。

9 把折好的布料车缝固定好。

10 接着照图示把裙摆车缝固定在先前拼接好的布料上。

11 车缝固定好之后把布料翻过来。

12 剪裁两块三角形的布料。

13 把两个三角形重叠并留返口车缝好。顶部照图示剪一个小开口。

14 把车缝好的布料从返口翻出来。

15 把返口处的布料朝里折并用藏针缝缝合好。

16 接着把做好的三角形手缝拼接在裙子边上。

17 照图示把三角形的布料固定好。

18 剪裁两块布料做小猫的脸。

19 把布边照图示朝里折好。

20 把折好布边的布料用固定针固定在要贴缝的地方。

21 接着用藏针缝把小猫的脸贴缝好。

22 贴缝好的一只猫的脸。

23 另一只脚也照同样的方式贴缝好。

24 画出小猫的尾巴需要贴缝的形状。

25 剪裁要贴缝的尾巴需要的布料。

26 一边贴缝一边把布边沿着画线朝里折好。

27 保持平整贴缝好小猫的尾巴。

28 把裙摆的布料照图示慢慢贴缝。

29 贴缝好一边的裙摆。

30 另一边的裙摆也照图示贴缝好。

31 在小猫的脚上用咖啡色的绣线直针绣出脚趾。

32 最后把花边固定在底布上。

33 准备一块音乐布标。

34 把布标对折车缝在图示位置。

35 正面和背面的布料加铺棉留返口车缝好。

36 把车缝好的布料从返口处翻出来。

37 把返口处的布料朝里折。

38 剪裁小猫的头需要的布料。

39 在小猫头部画上要刺绣的五官。

40 剪裁两个圆形的西瓜红格子棉麻。

41 照图示用直针贴布绣把圆形固定在小猫的腮红处。

42 固定好小猫的两个腮红。

43 用黑色的绣线绣出小猫的眼睛。

44 咖啡色的绣线回针绣出小猫头部的花纹轮廓。

45 接着用缎面绣添补满轮廓内部。

46 照图示刺绣好头部花纹。

47 接着再用咖啡色的绣线绣出小猫的三角形鼻子。

48 粉红色的绣线回针绣一条直线。

by Jan

创意来源于对生活
细节的把握。

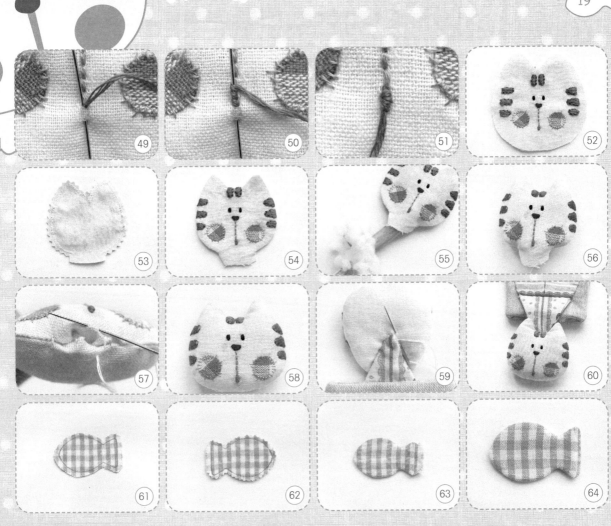

49 桃红色的绣线照图示出针和入针。

50 绣线在针上绕三圈。

51 接着把绕了线的针拉出来。

52 把线收好，小猫的头部装饰就制作好了。

53 加同样的底布留返口车缝好。

54 接着把小猫头从返口处翻出来。

55 用小号塞棉器从返口处塞入棉花。

56 照图示把棉花塞满整个猫头。

57 小猫头返口处的布料用藏针缝缝合好。

58 小猫的头部就制作好了。

59 把小猫的头用藏针缝缝在三角形布料上面。

60 头部稍稍歪一点固定在三角形布料上。

61 剪裁蓝色格子布料一块。

62 加同样的底布留返口车缝好。

63 从返口处把布料翻出来。

64 然后把返口处的布料朝里折，藏针缝缝合好。

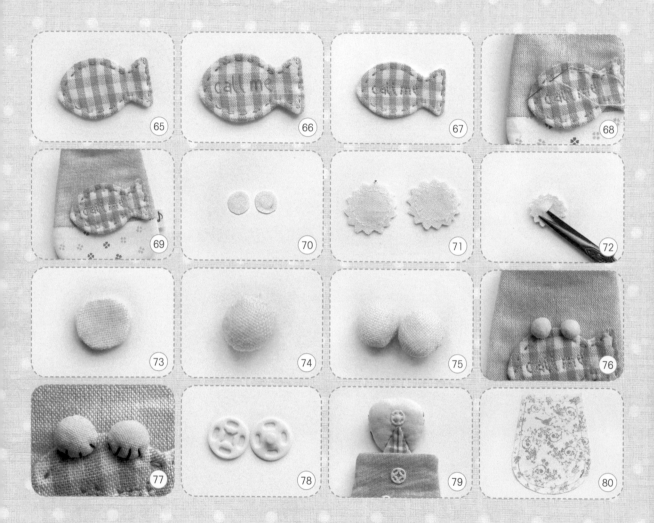

65 蓝色的绣线平伏针绣围绕小鱼一圈装饰好。
66 在小鱼身体上画上"call me"字样。
67 用粉色的绣线回针绣出字母。
68 照图示用手缝线把做好的小鱼固定在手机袋表面。
69 固定好小鱼的手机袋表面。
70 剪裁两个小小的圆形布料用作小猫的爪子。
71 加同样的底布车缝固定好。
72 用剪刀在圆形布料背部小心地剪一个"十"字开口。

73 从开口处把布料翻出来。
74 接着塞满棉花,并把开口处缝合好。
75 用同样的方法制作两个小球。
76 把两个小布球固定在小鱼身体的边上。
77 在爪子上用咖啡色的绣线收上装饰。
78 准备两个白色的塑料暗扣。
79 照图示把暗扣手缝固定好。
80 剪裁小花布料用作手机包的里布。

81 两层内里布料用花瓣针固定好，留返口车缝好两块布料。

82 用花边剪剪去布边多余的布料。

83 把做好的内袋放入手机袋里面。

84 两层布料朝里折，并用藏针缝照图示连接好两层布料。

85 已经把内袋和外袋连接在了一起。

86 用浅蓝色的绣线平伏针绣围绕袋口进行一圈装饰。

87 做好一圈装饰的手机袋。

88 把暗扣合在一起，手机包的主体就制作好了。

89 用水蓝色的花边照图示打一个死结。

90 准备一颗蓝色的星星扣。

91 把星星扣固定在手机包的一侧。

92 另一侧用水蓝色的花边做一个蝴蝶结固定上。

93 把花边的另一端挂在扣子上，小猫手机包就制作好了。

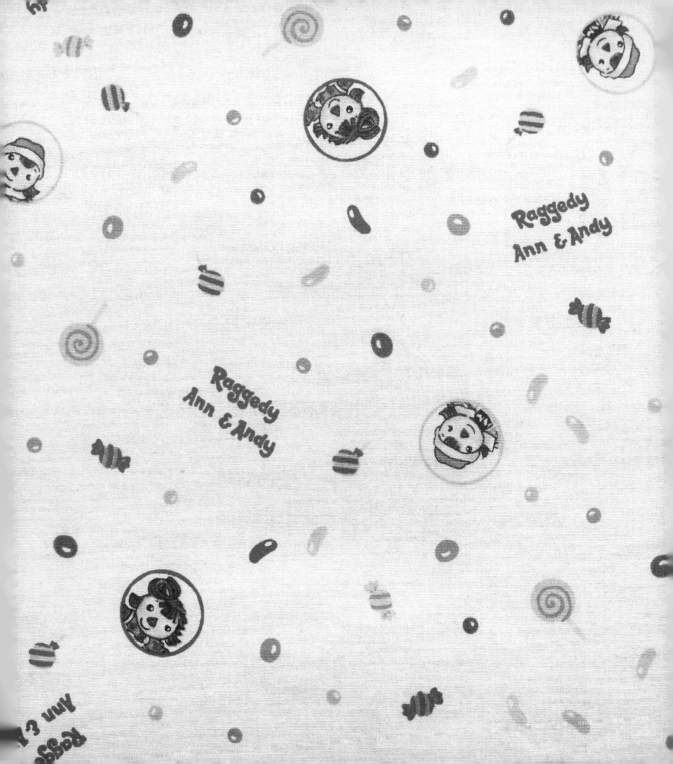

烘焙店
书套

所需材料：

粉色格子棉布、粉底白水玉棉布、白底粉水玉棉布、粉色系小碎花布料、白色花边、米黄棉麻、白底小玫瑰棉布、白底小碎花布料，米白、咖啡、淡黄、肉红不织布各少许，咖啡、苹果绿、天蓝、玫红、桃红、淡红、橘红、淡绿、米黄绣线各少许。

joy life

给自家的小本本，制作一个属于自己的独有的书套吧！

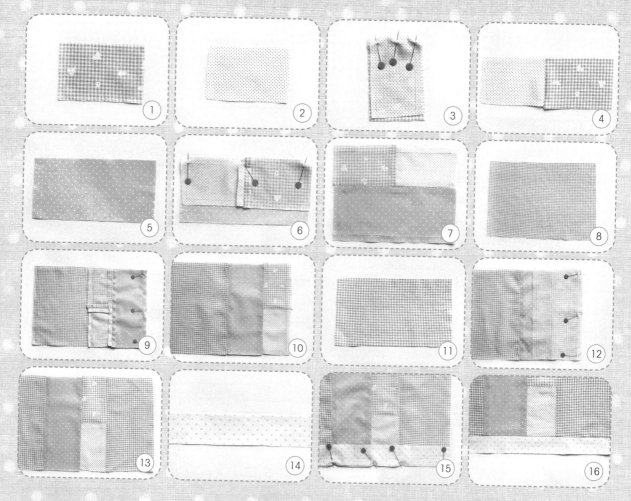

制作过程：

1 剪裁一块粉色的格子棉布。

2 接着剪裁一块白底粉水玉的布料。

3 照图示把两块布料拼接起来。

4 车缝固定好后把两块布料展开。

5 剪裁一块粉底白水玉的棉布。

6 接着与先前拼接好的布料用固定针固定好。

7 车缝固定好之后把布料展开。

8 剪裁一块粉色的格子布料。

9 接着把先前拼接好的布料用固定针固定好。

10 车缝固定好之后展开布料，书套的主体部分就拼接好了。

11 剪裁侧边需要的一块粉色格子布料。

12 把布料与先前拼接好的布料固定在一起。

13 车缝好后把布料熨烫平整。

14 剪裁一条白底粉水玉的布条。

15 把剪裁好的布条照图示固定好。

16 车缝固定好之后把布料展开。

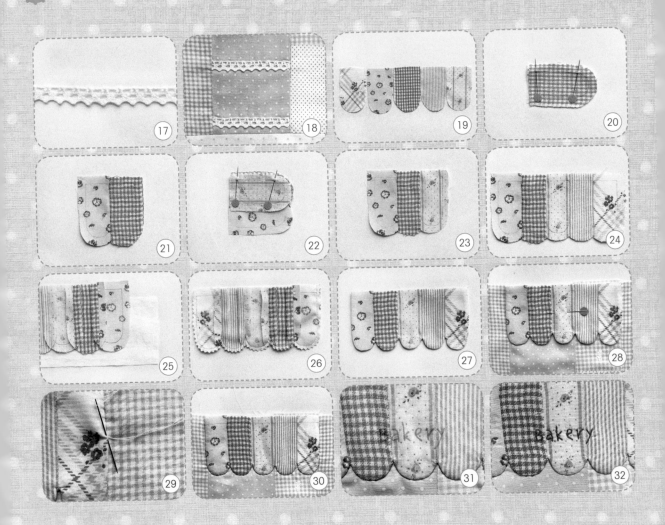

17 准备一条白色的狗牙花边。

18 把花边装饰在图示位置，作为橱窗的分隔。

19 用粉色系的小碎花布料剪裁屋檐需要的布料。

20 每两块用花瓣针固定好。

21 车缝固定好之后把布料整理平整。

22 接着固定第三块布料。

23 车缝好之后把布料展开。

24 照图示拼接好五块布料并把布料熨烫平整。

25 加一层白色的布料作为底布。

26 留返口车缝固定好两层布料，边沿处用花边剪去多余的布料。

27 从返口处把布料翻出来。

28 用固定针把屋檐固定在图示位置。

29 用藏针缝把屋檐贴缝在底布上。

30 照图示贴缝好屋檐。

31 在屋檐中央写上"bakery"的字样。

32 用桃红的绣线回针绣绣出字母。

33 在白色的布料上画上要刺绣图案的具体位置。
34 用淡红色的绣线在布面出针。
35 在针上绕线一圈。
36 接着把绕了线的针插入布面。
37 布面形成一针结粒绣的针迹。
38 用淡绿的绣线在布面出针。
39 照图示斜着出针，并压住线圈。
40 把线拉出来，使线圈形成一个椭圆。

41 把线圈固定好，一针叶叶就制作好了。
42 绣好另一片叶子，一个可爱的小花刺绣就做好了。
43 绣好一小排小花朵。
44 剪裁一块小花布作为拼贴花盆需要的布料。
45 照图示把布料的边朝里折好。
46 用花瓣针固定好布块。
47 用藏针缝把花盆贴缝好。
48 剪裁两块米白色的不织布用作拼贴三明治。

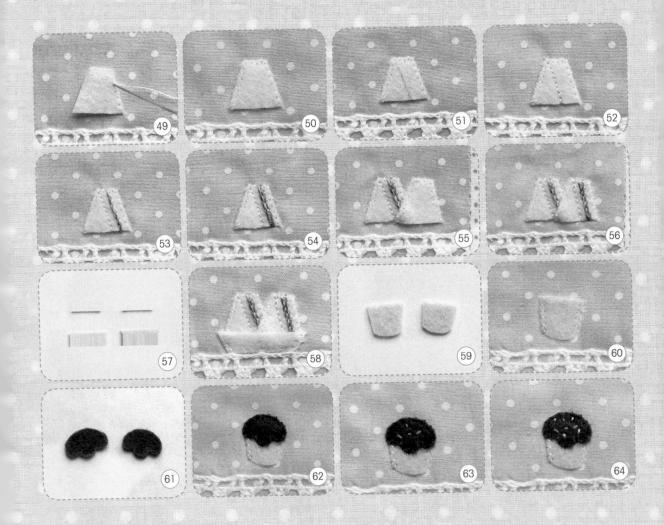

49 照图示用直针贴布绣贴缝不织布。

50 照图示贴缝好布料。

51 用消失笔画上要刺绣的图案。

52 用米黄色的绣线回针绣绣出线条。

53 接着用轮廓绣绣出一条绿色的线条。

54 紧靠绿色线条绣一条粉色的线条。

55 再贴缝一块米白的不织布。

56 也照前一个三明治把图案刺绣好。

57 剪裁四个梯形的不织布用作拼贴盘子需要的布料。

58 照图示把盘子贴缝在三明治的外面。

59 剪两块黄色的不织布。

60 把蛋糕照图示贴缝好。

61 剪裁两块咖啡色的不织布。

62 把咖啡色的不织布贴缝在黄色不织布上面。

63 用玫红的绣线照图示刺绣种子针迹。

64 接着刺绣绿色的种子针迹。

65 最后用天蓝色的线绣上装饰。

66 用同样的方法做另一个蛋糕。

67 装上盘子，小蛋糕就制作好了。

68 剪裁咖啡色的不织布一块。

69 把不织布贴缝在底布上。

70 剪裁一块白色的不织布。

71 把白色的不织布重叠贴缝在咖啡色的布料上。

72 然后用橘红色的绣线做种子刺绣进行装饰。

73 装进盘子里面的吐司就制作好了。

74 剪裁肉红色的不织布三块。

75 照图示贴缝好肉红色的不织布。

76 在面包上画上要绣花的图案。

77 用橘红色的绣线回针绣绣出面包上的装饰。

78 用同样的方法做好另一个面包。

79 贴缝好盘子，一盘面包就制作好了。

80 画上要拼贴的小斑马的轮廓。

81 剪裁两只河马的脚需要的布料。
82 依照画线把布料的边朝里折好。
83 用藏针缝贴缝小河马的脚。
84 照图示贴缝好小河马的一只脚。
85 另一只脚的布料的边也照图示折好。
86 贴缝好折好边的布料。
87 剪裁一块小花布做河马的裙子。
88 把裙子三边的布料朝里面折好。

89 把裙子固定在布面上。
90 接着用藏针缝把布料贴缝好。
91 剪裁两只手需要的布料。
92 照图示贴缝好一只手。
93 接着再贴缝另一只手，注意抱面包的地方不要贴缝上。
94 把不织布放到图示位置。
95 接着把面包贴缝好。
96 然后把右手抱面包的地方也贴缝好。

97 接着绣上面包的装饰。

98 剪裁出小河马的头部。

99 用藏针缝贴缝小河马的头。

100 仔细地贴缝好小河马的头部。

101 在头部画出河马的五官。

102 用黑色的绣线在眼睛处出针。

103 收直针进入布面。

104 把线拉进去之后绣好一只河马的眼睛。

105 接着绣好另一只眼睛。

106 用米白的绣线回针绣出河马的耳朵轮廓。

107 接着用缎面绣轮廓内部。

108 用缎面绣填满耳朵内部。

109 用玫红色的绣线回针绣出嘴巴。

110 用淡粉色的绣线回针绣出腮红。

111 接着用缎面绣填补满腮红。

112 在用咖啡色的绣线回针绣出河马的手指和脚趾。

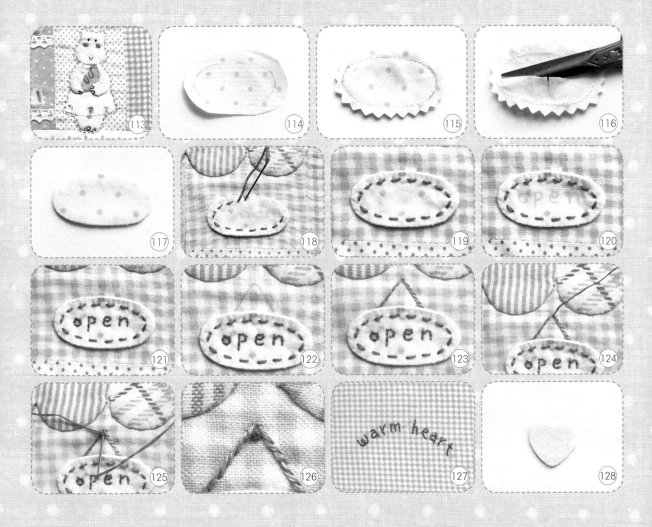

113 围绕小斑马一用粉色的绣线绣一圈平伏针绣。

114 剪一块白底粉水玉的布料。

115 照图示用白底粉水玉的布料加底布车缝固定好。

116 在底布上剪一个开口作为返口。

117 从返口处把布料翻出来。

118 用桃红色的绣线平伏针绣贴缝椭圆的布料。

119 照图示贴缝好布料。

120 在布料中间写上"open"的字样。

121 用玫红的绣线回针绣绣出字母。

122 接着画出要刺绣的图案。

123 用粉色的绣线轮廓绣绣出挂的绳子。

124 在顶端用玫红的绣线出针。

125 照图示收结粒刺绣。

126 收好一段结粒刺绣，作为挂绳的钩子。

127 在书套的背面绣出"warm heart"字样，针法为回针绣。

128 剪一块心形的白色不织布。

129 把不织布贴缝在布料上。

130 接着剪裁一块咖啡色的不织布。

131 把咖啡色的不织布重叠贴缝在白色不织布上。

132 接着用三色绣线作出装饰。

133 然后用黄色的绣线以回针绣把白色的不织布进行分隔。

134 在交叉的地方绣上结粒绣。

135 在花盆上面画出要刺绣的图案，用轮廓绣绣出花茎。

136 照图示做好图案的刺绣（细节刺绣参考钻石玫瑰的刺绣）。

137 剪裁一块白底小碎花的布料作为书套的里布。

138 书套加里布留返口车缝好，四边的角照图示剪一个牙口。

139 从返口处把书套翻出来。

140 把书套的返口用藏针缝缝合好。

141 照图示缝合好返口。

142 再照图示把书套的两边朝里折好。

143 把书套的两边也用藏针缝缝合起来。

144 装上书本，可爱的河马书套就制作好了。

钻石玫瑰

所需材料：

368、989、472、963、372、3716号绣线
各少许，白色棉麻布料。

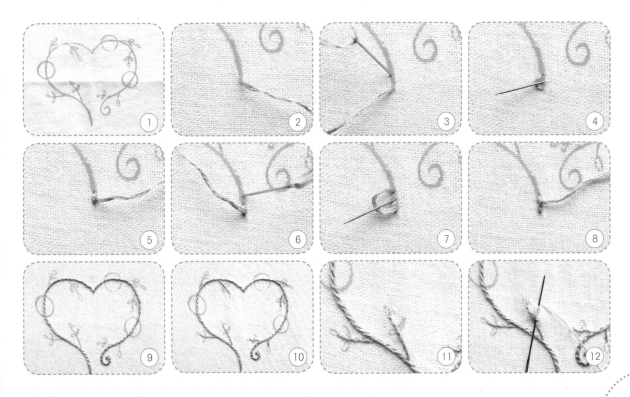

制作过程：

1 在布料上画上要刺绣的图案。

2 用368号绣线在布面出针。

3 距离出针点三毫米处入针。

4 再从中间出针。

5 把线拉出来，形成一个T字形。

6 再次沿着画线入针。

7 接着从前一针的尾部出针。

8 再把线拉出来。一小段轮廓绣就绣好了。

9 用轮廓绣把花枝绣好。

10 再用989号绣线绣出小的花枝，针法也是轮廓绣。

11 用472号绣线在布面入针。

12 照图示出针并把线在针上绕一圈。

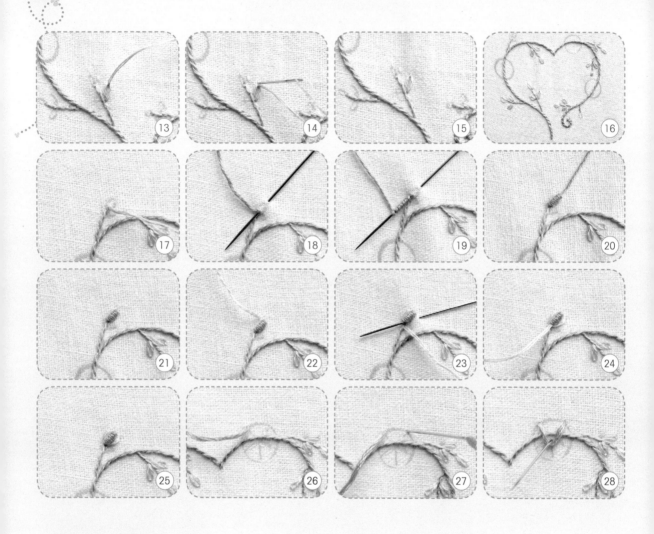

13 把线拉出来，使线圈形成一个椭圆形。

14 将靠线圈的另一边入针。

15 固定好线圈之后一针藤叶绣就制作好了。

16 用藤叶绣绣好剩余的叶子。

17 用3716号绣线在布面出针。

18 照图示回针到入针点。

19 绣线在针上绕七圈。

20 把绕了线的针拉出来。

21 再把线拉入底部藏好，一针卷线结粒绣就制作好了。

22 用372号绣线在布面将靠花苞出针。

23 照图示出针并套住线圈。

24 轻轻拉出线圈，使线圈形成一个好看的弧形。

25 再固定住线圈，花苞外面的花托就制作好了。

26 照图示画一个圆形，并把圆形分成五份，用963号绣线在圆的边沿出针。

27 在图示所示位置入针。

28 套住线在圆心出针。

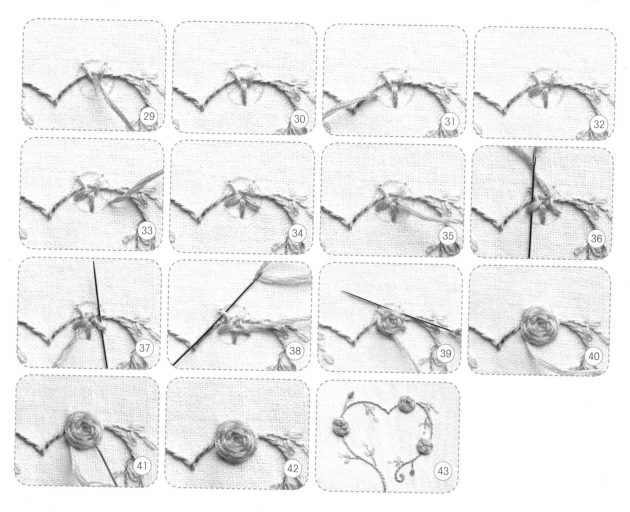

29 把线拉出来。

30 入针在圆的边沿，形成一个"丫"字形刺绣针迹。

31 接着在圆的另一边出针。

32 在圆心入针。

33 在另一边的圆形边沿处出针。

34 再回到圆心入针。

35 照图示在靠近圆心的地方出针。

36 接着便照图示开始编织。

37 一圈圈地编织，编织的时候前一针若在线下，后一针就在线的上面。

38 把先前编织好的线圈拉紧。

39 照先前的顺序一圈一圈地编织。

40 直到编织到如图所示的样子。

41 把针照图示插入编织好的花朵下面。

42 一朵钻石玫瑰绣就制作好了。

43 做好了一幅美丽的玫瑰小刺绣。

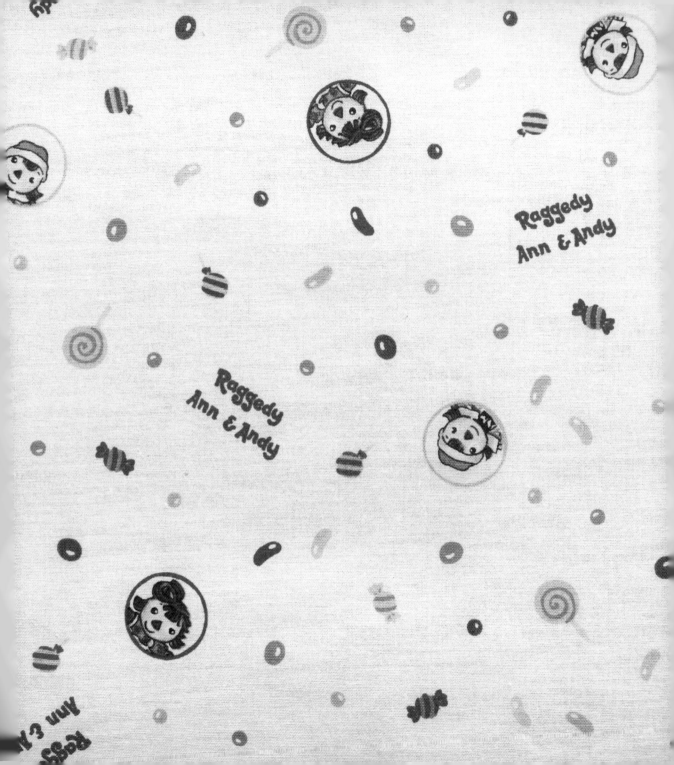

蓬蓬羊
坐垫

所需材料：

各色碎花布料、米白棉麻、PP棉、泡芙工具、铺棉、粉色华夫格、米白亚克力珠子。

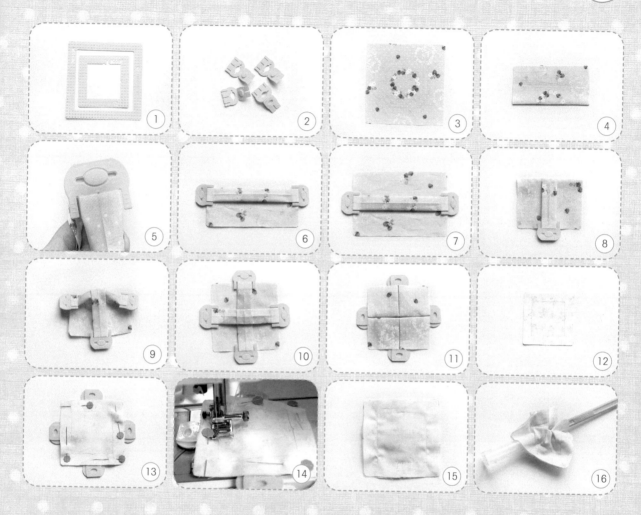

制作过程：

1 准备一套泡芙工具。

2 做泡芙需要的夹子四个。

3 剪裁一块正方形的布料。

4 把布料对折。

5 用专用夹子把布料照图示夹住。

6 另一端的布料也要夹住。

7 接着把布料展开。

8 再把布料照图示对折。

9 两端也装上夹子。

10 然后把装上夹子的布料展开。

11 展开的布料的另一端，要保持折好的布料中间没有缝隙。

12 剪裁一块底布需要的布料。

13 用固定针把底布和表布固定起来。

14 把固定好的布料放在缝纫机下进行车缝。

15 留返口车缝好两层布料。接着把夹子摘掉。

16 用塞棉器从返口处把布料翻出来。

17 翻到正面的小泡芙。

18 用塞棉器从返口处塞入棉花。

19 塞到图示程度，泡芙就变得鼓鼓的。

20 用藏针缝把返口处缝合起来。

21 照图示缝合好返口处，一个软绵绵的泡芙就制作好了。

22 剪裁美丽的小花布作为泡芙的表面。

23 做好一堆小泡芙备用。

24 用藏针缝把两个泡芙连接起来。

25 拼接的时候要注意两条竖线要拼接得一致。

26 照图示拼接好的两个泡芙。

27 接着做一个五个一排的泡芙。

28 再做一个六个一排的泡芙。

29 两排泡芙照图示用藏针缝拼接，第一排的第一个泡芙与第二排的泡芙用互字形排列。

30 拼接好的两排泡芙。

31 再做一个七个一排的泡芙。

32 照图示把三条泡芙拼接在一起。

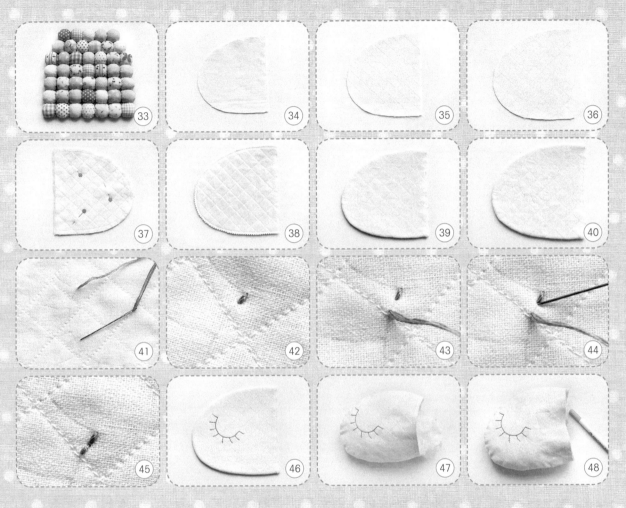

33 最后再做四条七个一排的泡芙，并把它们照图示拼接好。

34 剪裁羊头需要的布料。

35 加一层铺棉，并做平行线的压缝。

36 接着再做方格的针迹压缝。

37 做两块这样的布料，并用花瓣针固定住。

38 留返口车缝好两块布料，布边处用花边剪剪去。

39 从返口处把布料翻出来。

40 在羊头上面画上睡觉的眼睛。

41 蓝色绣线在布面出针。

42 在布面做一针三毫米的直针绣。

43 距离第一针三毫米处出针。

44 回到第一针的尾部入针。

45 做好一针回针绣。

46 照图示用回针绣绣好整个羊的睡眼。

47 从返口处塞入棉花。

48 用蓝色的笔画上要拼贴的线条。

enjoy life

布玩偶

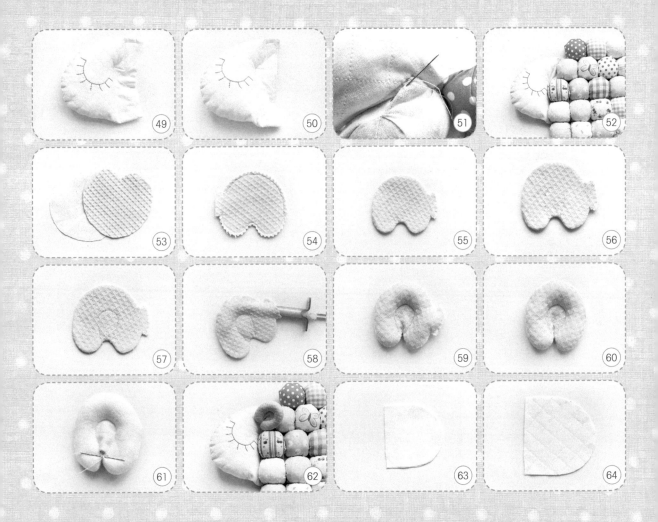

49 沿着画线车缝好返口处。
50 边沿处的布料朝里折并车缝固定好。
51 把先前做好的泡芙垫子与羊头用藏针缝连接起来。
52 照图示固定好垫子与羊头。
53 剪裁粉色华夫格和米白棉麻用作小羊的耳朵。
54 留返口车缝好两层布料。
55 把布料从返口处翻出来。
56 在耳朵上面画上耳朵的线条。

57 沿着耳朵线车缝固定好两层布料。
58 用小号塞棉器塞入PP棉花在耳朵里面。
59 给耳朵塞上满满的棉花。
60 把返口处缝好，一只羊耳朵就制作好了。
61 照图示把羊耳朵背面的底部用手缝线缩缝好。
62 接着把羊耳朵固定在羊的头部。
63 剪裁尾巴需要的布料。
64 在布料上做方格压线针迹。

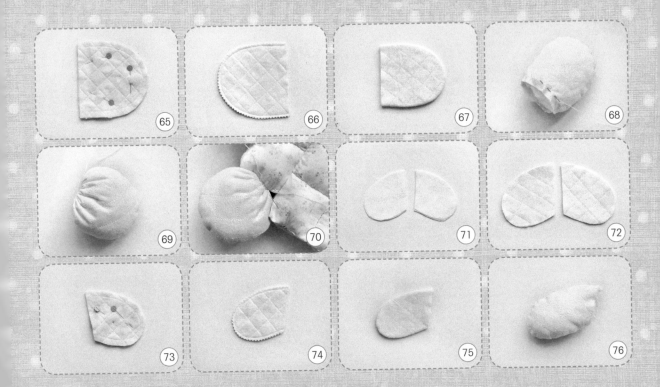

65 找一块同样的布料，并用花瓣针固定好。

66 留返口车缝固定好两块布料。

67 从返口处把尾巴翻出来。

68 塞入棉花后在返口处进行缩皱缝。

69 缩缝一圈后把线拉紧。

70 把收好的羊尾巴固定在垫子上。

71 剪裁羊脸需要的布料。

72 把布料进行方格压线针迹。

73 两层布料用固定针固定好。

74 留返口车缝好两层布料。

75 把车缝好的布料从返口处翻出来。

76 给羊脸塞上满满的棉花。

77 接着把返口处缝合好。

78 做好的羊脚手缝固定在垫子两端。

79 剪裁五瓣樱花花瓣。

80 加同样的底布车缝固定好。

81 布料的背面用剪刀剪一个小开口。

82 从开口处把花瓣翻出来。

83 照图示折好花边并手缝固定好。

84 做好五瓣同样的花瓣并照图示做成一朵五瓣花。

85 准备一个米白的亚克力装饰珠子，固定在花朵中间进行装饰。

86 把五个花瓣的花尖手缝合起来，一朵美丽的樱花就做好了。

87 把樱花装饰在小羊头上，一个美丽的蓬蓬羊坐垫就制作好了。

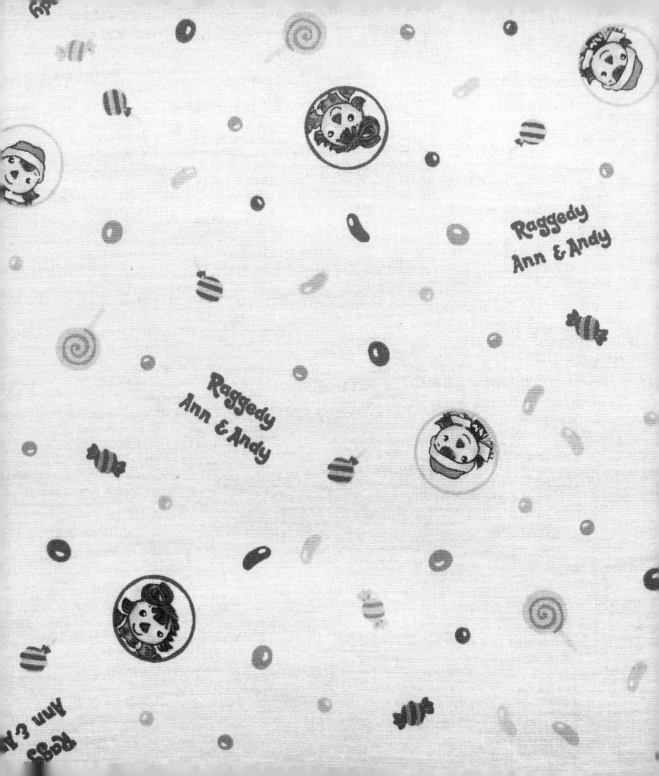

天使
草莓熊

所需材料：

米黄色棉麻、粉红底心形水玉棉布、淡绿色织格子棉麻、桃红色织
棉麻、粉底白水玉棉麻、淡黄色雪纱、淡黄色缎带、PP棉、黑色眼
珠、黑色绣线、咖啡色绣线、桃红色绣线各少许、心形扣子两颗、珍
珠扣子两颗、半圆珍珠装饰珠子、铺棉、软陶装饰花。

MILK
fresh

透过我单纯的目光

看得到我期盼你赶快到来的情怀

满脑心思

红了我的脸庞

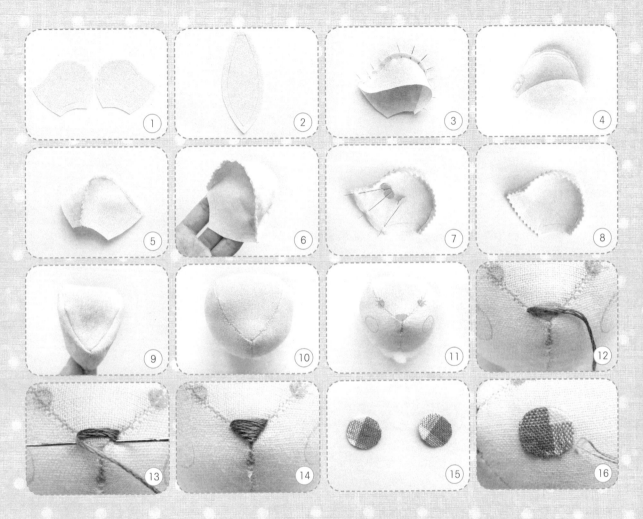

制作过程:

1 剪裁两片头部需要的布料。

2 接着再剪裁一片头部中间需要的布料。

3 用花瓣针把头部中间与头部左边的布料固定在一起。

4 把固定好的两块布料车缝在一起。

5 把车缝好的布边用花边剪剪去多余的布边。

6 头部另一边的布料也照同样的方式车缝固定好。

7 用花瓣针把头部的布料重叠固定好。

8 把车缝好的布边用花边剪剪去多余的布料。

9 把车缝好的头部翻出来。

10 头部内塞满PP棉。

11 用水消笔在头部绘制上小熊的五官。

12 用咖啡色的绣线从鼻子处出针。

13 用缎面绣一针紧挨一针刺绣小熊的鼻子。

14 照图示绣好小熊的鼻子。

15 用桃红色织棉麻剪裁两片椭圆形的布料,用作小熊的腮红。

16 用桃红色的绣线直针绣把腮红固定在小熊面部。

17 两边的腮红对称固定好。

18 用桃红的绣线从鼻子底部出针。

19 用线在针上绕五圈。

20 把绕好线圈的针拉出，并把针照图示拉入底部。

21 用粉底白水玉棉麻剪裁两片耳朵正面需要的布料。

22 剪裁两片耳朵背面需要的布料。

23 用花瓣针把耳朵正面和背面的布料固定在一起。

24 车缝固定好两块布料，并用花边剪围绕弧形剪去多余的布料。

25 把车缝好的耳朵翻到正面。

26 把返口处的布料朝里折。

27 用平伏针绣出耳朵装饰线。

28 接着用藏针缝把返口处缝合好。

29 制作好的一只熊耳朵。

30 制作好的耳朵的背面。

31 照图示把耳朵固定在小熊头部。

32 已经固定好小熊左边的耳朵。

33 再在另一边固定好另一只耳朵。

34 准备一对黑色的眼珠。

35 把眼睛固定在小熊面部。

36 接着再用黑色的绣线绣出小熊的眼睫毛。

37 照图示把小熊身体的立体褶用花瓣针固定好。

38 车缝固定好立体褶。

39 把另一边的立体褶也车缝固定好。

40 把车缝好的布料翻到正面。身体另一边也照同样的方法制作好。

41 把制作好的身体左右两块的布料用花瓣针固定好。

42 留返口把两块布料车缝好。并剪去多余的布边。

43 从返口处把身体翻出来。

44 并从返口处塞入DD棉。

45 塞满棉花之后,把返口处用藏针缝缝合好。

46 剪裁熊脚需要的布料。

47 留返口把熊脚车缝固定好。

48 从返口处把脚翻出来。

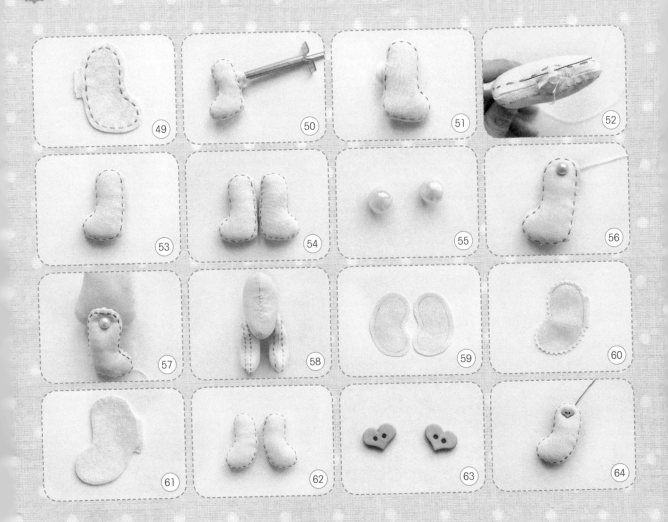

49 用桃红色的绣线绣上装饰线。

50 用塞棉器从返口处塞入棉花。

51 照图示把棉花塞饱实。

52 用藏针缝缝合好返口处。

53 做好了一只小熊脚。

54 用同样的方法制作好另一只脚。

55 准备两颗珍珠扣子。

56 照图示把珍珠扣子缝在脚上。

57 接着再把缝上扣子的脚固定在小熊身上。

58 照图示固定好两只脚。

59 剪裁手部需要的布料。

60 留返口车缝好小熊的手。

61 从返口处把小熊的手翻出来。

62 塞好棉花并缝合好返口，做好小熊的两只手。

63 准备两颗心形的扣子。

64 把扣子缝合在手部。

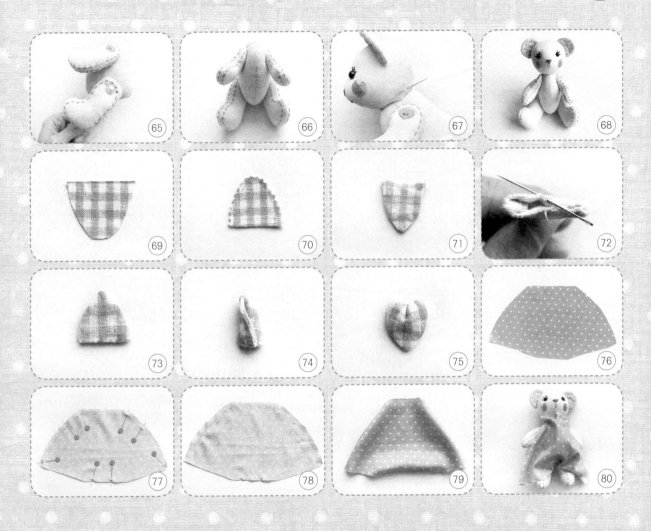

65 把缝合好扣子的手固定在小熊肩部。

66 照图示固定好了小熊的四肢。

67 用藏针缝缝合好小熊的身体和头部。

68 小熊的身体就做好了。

69 剪裁如图所示的淡绿色织格子棉麻十块。

70 重叠两块布料，并留返口车缝好。

71 从返口处把布料翻出来。

72 接着用藏针缝缝合好返口处。

73 制作好一片草莓的叶子。

74 制作好的叶子照图示对折并固定好。

75 把固定好的叶子展开。

76 剪裁衣服所需的布料两块。

77 用固定针固定好上下两块布料。

78 留下袖口领口及裤脚，把上下两块面料车缝好。

79 把车缝好的布料翻出来。

80 给小熊穿上衣服。

81 照图示把领口处缩缝好。

82 拉紧缩缝线，让领部和小熊的颈部伏帖好。

83 接着缩缝脚部的布料。

84 拉紧脚部的缩缝线。

85 准备一些半圆的珍珠装饰珠子。

86 把珠子分散装饰在小熊的裙子上。

87 把另一只脚也缩缝好。

88 准备五片制作好的草莓叶子。

89 把五片叶子围绕脖子固定好。

90 装饰好叶子的小熊。

91 剪裁翅膀需要的布料两块。

92 加一层铺棉车缝固定好翅膀。

93 用剪刀在翅膀中间剪一个开口。

94 从开口处把翅膀翻出来。

95 用桃红色的绣线装饰上装饰线。

96 准备一朵软陶装饰花。

97 把装饰花固定在天使翅膀上。

98 接着再把翅膀固定在小熊背部。

99 固定好的小熊翅膀。

100 准备淡黄色的雪纱带和缎带。

101 做一个蝴蝶结备用。

102 另外再固定一段缎带在小熊头部。

103 再把蝴蝶结固定在缎带根部，一只天使草莓熊就制作好了。

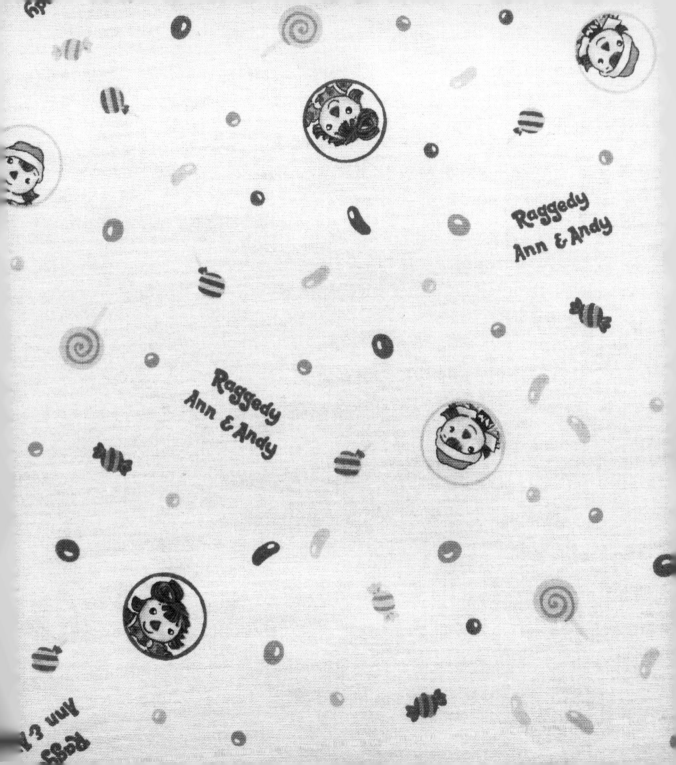

小睡猪
枕头

所需材料：

米白格子、橡皮红底白水玉棉布、白底红格子棉布、铺
棉、各色绣线、黑色眼珠扣子、PP棉、橘红小口子、白
底粉水玉棉布、四套透明暗扣。

春意盎然
覆盆子的花儿开满
温暖的春风吹醒了我冬日的梦
睁开朦胧的睡眼
花儿盛开
真是一个大大的梦想

Z
Z
z

dream big!

甜梦醒来，看见了甜甜微笑的你。

制作过程：

1 剪裁如图所示的布料用作小猪的身体。
2 剪裁橡皮红底白水玉的布料用作小猪的猪蹄。
3 用固定针把红色布料与身体的布料拼接起来。
4 缝纫机车缝固定好之后展开布料。
5 后腿也照先前的方式固定好要拼接的布料。
6 拼接好后把布料熨烫平整，做两块这样的布料备用。
7 剪裁一块头部需要拼接的布料。
8 在布料上画上需要拼贴和刺绣的图案。
9 剪裁一块红色小格子的布料做小猪的腮红。
10 在格子布料下面铺上同样大小的一层铺面和一层底布。
11 三层布料重叠留返口车缝固定好。
12 把车缝好的布料从返口处翻出来。
13 用固定针把腮红固定在白色底布上。
14 接着用藏针缝贴缝腮红布料。
15 保持平整贴缝好一边的腮红。
16 剪裁一块红色渐变格子的棉布用作另一边的腮红。

17 在表布下面加一层底布和一层铺面。
18 三层布料留返口车缝好。
19 从返口处把布料翻出来。
20 接着再把格子布料用藏针缝贴缝在白色底布上。
21 剪裁猪鼻子需要的布料。
22 加一层铺棉和一层底布。
23 把三层布料重叠车缝好。
24 用剪刀在白色底布上剪一个开口。
25 从返口处把小猪鼻子翻出来。
26 用红色的绣线在鼻子边沿出针。
27 沿着边沿做平伏针的刺绣。
28 装饰满一圈刺绣的小猪鼻子。
29 用花瓣针把猪鼻子固定在小猪面部。
30 然后用藏针缝把猪鼻子缝合在底布上。
31 保持平整贴缝好小猪的鼻子。
32 画上小猪的嘴巴。

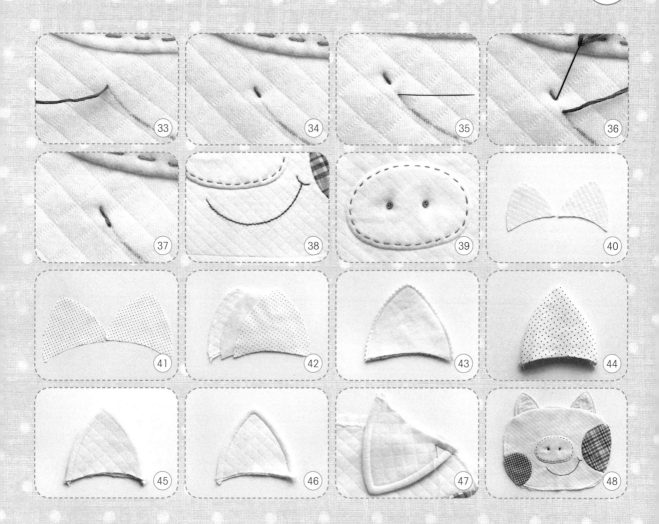

33 用红色绣线在布料上出针。

34 做一针长度为四毫米的直针绣。

35 距离第一针四毫米处出针。

36 回针到第一针的尾部入针。

37 绣好一针回针绣。

38 沿着画线回针绣绣出小猪的嘴巴。

39 在鼻子中间缝上两颗橘红色的扣子做小猪的鼻孔。

40 剪裁猪耳朵需要的布料。

41 剪裁猪耳朵内里需要的布料。

42 一层底布一层铺面一层表布排列好。

43 留返口车缝好三层布料。

44 从返口处把布料翻出来。

45 沿着小猪耳朵的边沿5毫米处画一条线。

46 沿着画线车缝一圈进行装饰。

47 照图示把做好的耳朵手缝在小猪头上。

48 缝好两只耳朵的小猪。

49 在两边的腮红上画上要刺绣的花纹。

50 回针绣出腮红上的图案。

51 加一层底布留返口车缝好小猪的头。

52 从返口处把头翻出来。

53 从返口处塞入棉花。

54 把返口处用藏针缝缝起来。

55 已经缝好返口的小猪头。

56 在眼睛处缝上一个眼睛扣子。

57 再用黑色的绣线直针绣出三根眼睫毛。

58 小猪的头就制作好了。

59 把小猪耳朵弯过来，手缝固定好。

60 两只耳朵都照图示手缝固定好。

61 照图示把要刺绣的布料缝好。

62 接着再从另一个方向缝布料。

63 缝好的布料局部图。

64 在布料上先画一个圆形。

65 接着把圆形用轮廓绣绣好。
66 然后绘制出圆圈上面的花枝。
67 接着刺绣出整个图画。
68 刺绣好之后用剪刀剪去疏缝线。
69 接着把布料整理平整。
70 与先前制作好的底布留返口车缝固定好。
71 把车缝好的布料从返口处翻出来。
72 从返口处塞入棉花。

73 棉花塞满之后用藏针缝把返口处缝合好。
74 小猪的身体就制作好了。
75 准备一些透明的暗扣。
76 把暗扣手缝好。
77 照图示在小猪头部缝上四颗暗扣。
78 在身体上也对应地缝上四颗暗扣。
79 把小猪头的暗扣和身体的暗扣合起来，一只可爱
的多功能枕头就制作好了。

草莓刺绣

所需材料:

白色布料一块，371、471、745、746、
3831、3348、310号绣线各少许。

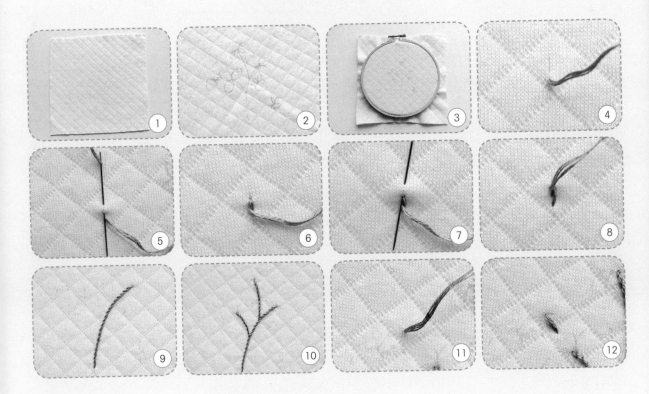

制作过程:

1 准备一块白色的布料。

2 在布料上画上要刺绣的图案。

3 把画好图案的布料装上绣绷。

4 用371号绣线在布面出针。

5 照图示回针。

6 回针之后把线拉出来。

7 接着再回针，回针点在前一针的尾部。

8 把线再拉出来，绣好一小段轮廓绣。

9 用轮廓绣把主要的花枝绣好。

10 再绣出旁边的分枝。

11 用471号绣线在布面出针。

12 做一针两毫米长度的直针绣。

13 在直针绣的旁边出针。

14 接着在直针绣的另一边入针。

15 再从第一针的顶部套住线圈出针。

16 把线拉出来，注意不要拉得太紧。

17 紧靠线圈的另一边入针。

18 把线拉进去，叶子的第二轮就绣好了。

19 接着再紧靠第二圈的绣线出针。

20 紧靠前一针出针和入针。

21 再把线圈固定好，叶子的第三轮也绣好了。

22 用同样的方法绣好整片叶子。

23 照图示绣好六片叶子。

24 用746号绣线在布面出针。

25 照图示把线套在针尖出针。

26 把线拉出来，使线圈形成一个椭圆形。

27 再把线拉进去固定住线圈，一针菊叶绣就制作好了。

28 用菊叶绣绣出剩下的几片花瓣。

29 用745号绣线在布面出针。

30 在针上绕线一圈。

31 把绕了线的针直直插入布面。

32 把线拉到布底，布面形成一针结粒刺绣。

33 绣若干结粒绣作为花朵的花蕊。

34 用3831号绣线在布面出针。

35 把线在针上绕两圈。

36 把绕了线的针直直插入布面。

37 绣好一个结粒绣。

38 用结粒绣填满草莓。

39 再用3348号绣线绣出草莓的花托，针法是菊叶绣。

40 用745号绣线在布面出针。

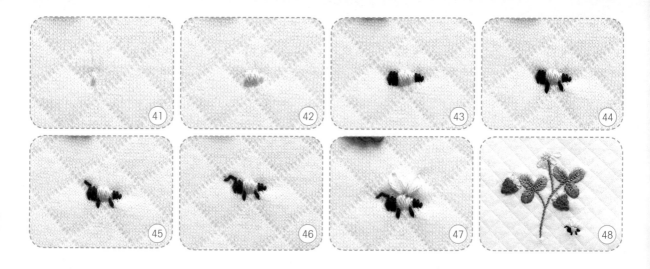

41 做一针直针绣。

42 做长短不一的缎面绣。

43 两端用310号绣线照图示绣好。

44 再用直针绣绣出两只小脚。

45 接着用直针绣绣出触角。

46 再绣出触角的顶端。

47 最后用746号绣线做两针萌叶绣做昆虫的翅膀。

48 一幅草莓刺绣就制作好了。

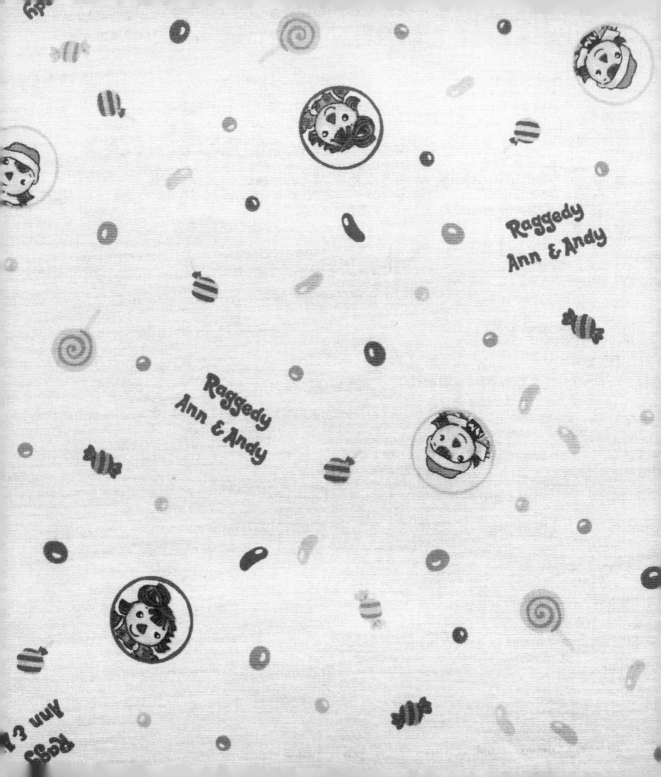

小蘑菇

所需材料：

红底白水玉、米色棉麻、PP棉、黑色米珠、
红色小小扣、粉色绣线。

制作过程：

1 剪裁一个大的圆形做蘑菇的顶。

2 剪裁一个小一些的圆形做蘑菇的底。

3 围绕圆形布料的边沿缩缝。

4 缩缝完之后把布料拉紧，形成如图所示样子。

5 白色的底部也缩缝好。

6 在缩缝好的布料内部塞满PP棉。

7 头部也塞满PP棉。

8 把塞好棉花的顶部和底部用藏针缝连接好。

9 一只蘑菇的身体就制作好了。

10 用水消笔在蘑菇下部画上表情。

11 准备两颗黑色的小米珠。

12 把小米珠缝在眼睛处。

13 准备两颗红色的小小扣。

14 把小小扣固定在腮红处。

15 用粉色的绣线从嘴巴处出针。

16 做一针直针绣，接着在距第一针一毫米的地方出针。

17 照图示再次出针和入针。

18 用回针绣绣好蘑菇的嘴巴。

19 一个微笑的可爱蘑菇就制作好了哦。

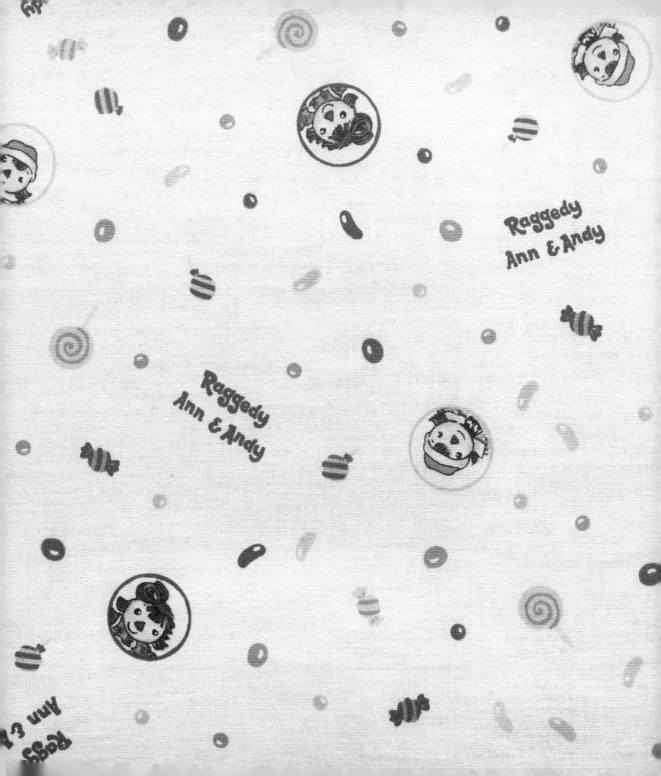

刺猬
手提包

所需材料：

咖啡色织格子棉麻、肉色棉麻、桃红色织棉麻、咖啡色
皮手挽、眼睛珠子、红色木珠、米白花边、咖啡棉麻、
PP棉、咖啡色绣线、白底红水玉棉布、粉底白水玉棉
麻、卡其色花边拉链、铺棉。

Cherry

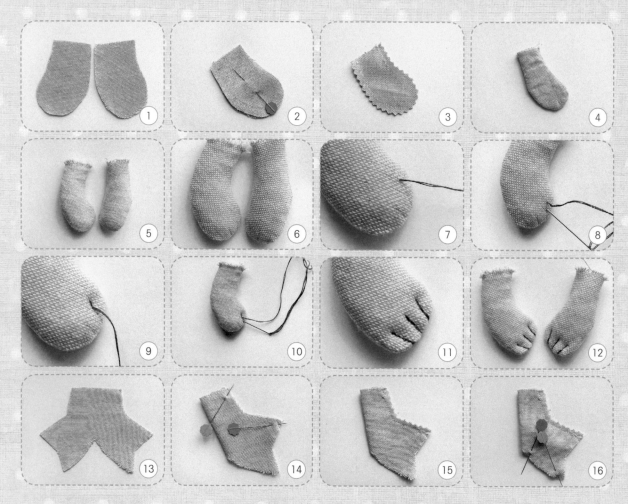

制作过程:

1 剪裁刺猬的前脚需要的布料。

2 两片布料重叠并用花瓣针固定好。

3 留返口缝好两层布料,并用花边剪剪去多余的布边。

4 把刺猬的脚从返口处翻出来。

5 塞入PP棉花,不要塞得太紧。

6 用水消笔在脚尖画上要刺绣的爪子。

7 咖啡色的绣线从布面出针。

8 在距离第一针两毫米的地方入针。

9 刺入底部之后再把针拉出来。

10 接着在距离前一针两毫米的地方入针。

11 照图示用回针绣绣好刺猬的爪子。

12 做好刺绣的两只前脚。

13 依照图示剪裁刺猬的后脚需要的布料。

14 把布料对折好,并用花瓣针固定好。

15 车缝好固定处的布料。

16 接着再固定另一边的布料。

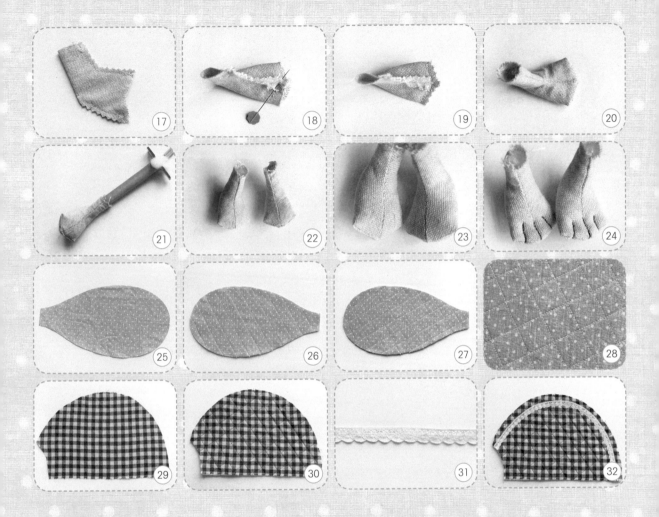

17 车缝好固定好的布料，并用花边剪剪去多条的布料。

18 照图示折好布料，并固定好。

19 依照画线车缝固定好。

20 把车缝好的后脚从返口处翻出来。

21 用小号塞棉器从返口处塞入棉花。

22 给两只后脚塞上棉花。

23 在后脚尖画上要刺绣的图案。

24 用咖啡色的绣线回针绣出爪子。

25 剪裁一块刺猬肚子需要的布料。

26 先车缝上平行的压线针迹。

27 接着再车缝上方格压线针迹。

28 压线针迹近近图。

29 剪裁刺猬身体需要的布料。

30 加铺棉压缝方格压线。

31 准备一段白色的花边。

32 沿着刺猬的背部把花边车缝固定在底布上。

enjoy life

33 剪裁刺猬头部需要的布料。

34 照图示把头部与身体连接起来。

35 把做好的刺猬身体与肚子处的布料连接起来。

36 另一边的身体也照同样的方式拼接好。

37 剪裁耳朵需要的布料。

38 用花瓣针固定好两块布料。

39 留返口车缝好两块布料后，减去多余的布边。

40 从返口处把耳朵翻出来。

41 返口处的布料朝里折，并用藏针缝缝合好。

42 做好的一只耳朵。

43 用藏针缝把耳朵缝合在刺猬的头部。

44 固定好了耳朵的刺猬头部。

45 接着把刺猬的头部用花瓣针固定好。

46 把固定好的地方车缝好并翻转出来。

47 刺猬的尾部也用藏针缝固定三寸长。

48 把先前做好的后脚返口处用藏针缝缝合好。

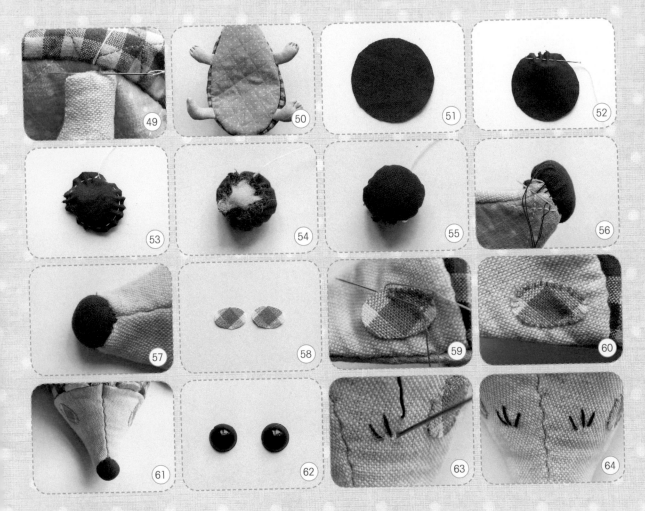

49 接着再固定在刺猬身体上。

50 照图示把四肢缝合固定好。

51 剪裁一个圆用作刺猬的鼻子。

52 用平伏针绣在圆圈的边沿进行缝合。

53 照图示缝合一圈。

54 在圆圈内塞入棉花，并把线拉紧。

55 把圆拉紧之后就收好了一个小圆球。

56 用藏针缝把鼻子缝在刺猬头部。

57 缝合好鼻子的刺猬头部。

58 剪裁两块椭圆形的布料用作刺猬的腮红。

59 用同色系的绣线把腮红用直针绣固定在刺猬脸上。

60 固定好了腮红的刺猬的脸。

61 把另一边的腮红也对称装饰好。

62 准备两颗黑色的眼睛扣子。

63 用黑色的绣线绣出三根眼睫毛。

64 两边的眼睫毛对称绣好。

65 准备一些红色的木珠。

66 把木珠固定在包包表面,并缝上皮手把。

67 剪裁内里两侧需要的布料。

68 剪裁底部需要的布料。

69 剪裁头部内里需要的布料。

70 用花瓣针把底部和头部的布料固定在一起。

71 车缝固定好并展开。

72 接着把侧边的布料与头部布料的另一边拼接在一起。

73 用花瓣针把侧边的布料和底部的固定在一起。

74 固定好两边侧边布料的内袋。

75 用花瓣针固定头部两寸并车缝固定好。

76 尾部也用花瓣针固定三寸并车缝固定好。

77 准备一段咖啡色的拉链。

78 照图示先把拉链手缝固定好。

79 再把做好的内袋放在包包里面用藏针缝固定好。

80 固定好了拉链和内袋的刺猬包包内部。拉上拉链,一个刺猬包包就制作好了哦。

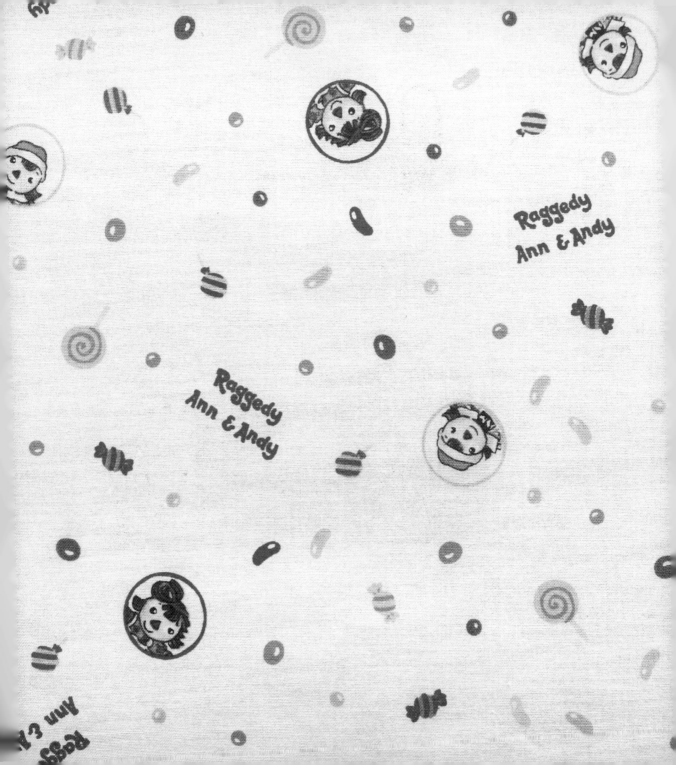

小房子

所需材料：

铁皮小房子、白底红水玉、红格子百代丽棉麻、铺棉。

制作过程：

1. 准备一个铁皮小房子。
2. 剪裁一块白底红水玉的布料用作里布。
3. 剪裁一块红格子百代丽棉麻用作表布。
4. 表布、里布和铺棉照图示重叠好。
5. 照图示留返口车缝好三层布料。
6. 从返口处把布料翻出来。
7. 用藏针缝把返口处缝合好。
8. 房顶就制作好了。
9. 把房顶放在铁皮房子顶部。

梨

绿色格子布料、PP棉、卡通画小布块、牙签、淡绿花边。

制作过程:

1 剪裁绿色格子布料两块。

2 用固定针固定好上下两块布料,留返口车缝好。

3 接着用花边剪剪去多余的布边。

4 再把布料从返口处翻出来。

5 从返口处塞入PP棉。

6 用手缝针缩缝返口处。

7 围绕返口缩缝一圈之后,拉紧缩缝线。

8 梨的形状就基本上做好了。

9 用咖啡色的线从顶部入针。

10 拉到底部时稍稍用力,使顶部形成一个小凹槽。

11 底部照图示做一针直针绣。

12 接着交叉做一个"十"字针迹。

13 准备一根牙签。

14 把牙签从梨的顶部插入，留两厘米在梨的外面。

15 准备一段绿色的花边。

16 把花边折成如图形状。

17 把花边的尾部缩缝固定好，梨的叶子就制作好了。

18 把叶子固定在牙签根部。

19 准备一块美丽的卡通画布料。

20 用平伏针绣把布料贴缝在梨的表面。

21 一只梨就制作好了。

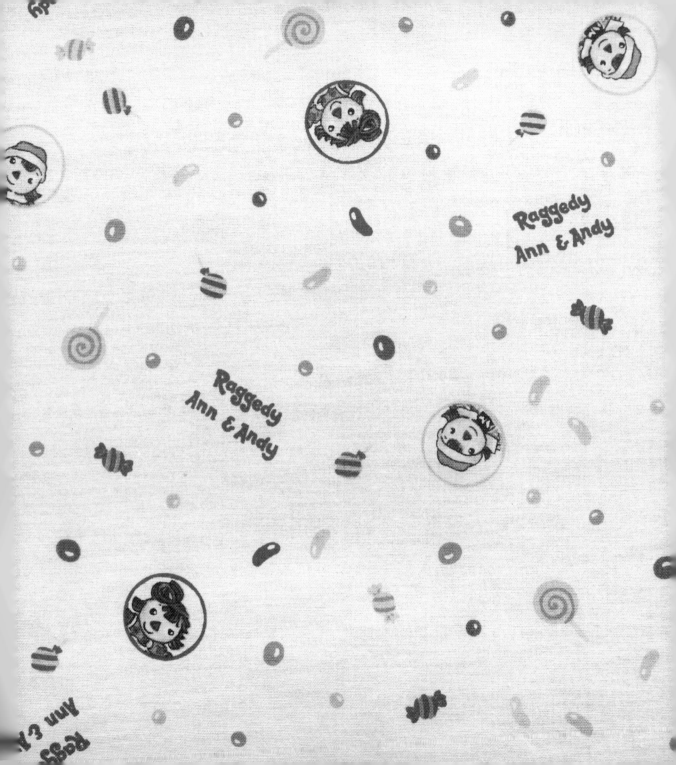

青蛙
手腕垫

所需材料：

绿色先染布料、粉色先染布料、淡绿棉麻、粉底白水玉棉麻、米白棉麻、心形扣子、圆形扣子。粉色、深粉、淡绿、淡黄、灰蓝、蓝绿、米白绣线各少许，黑色木珠一对，小米珠，PP棉。

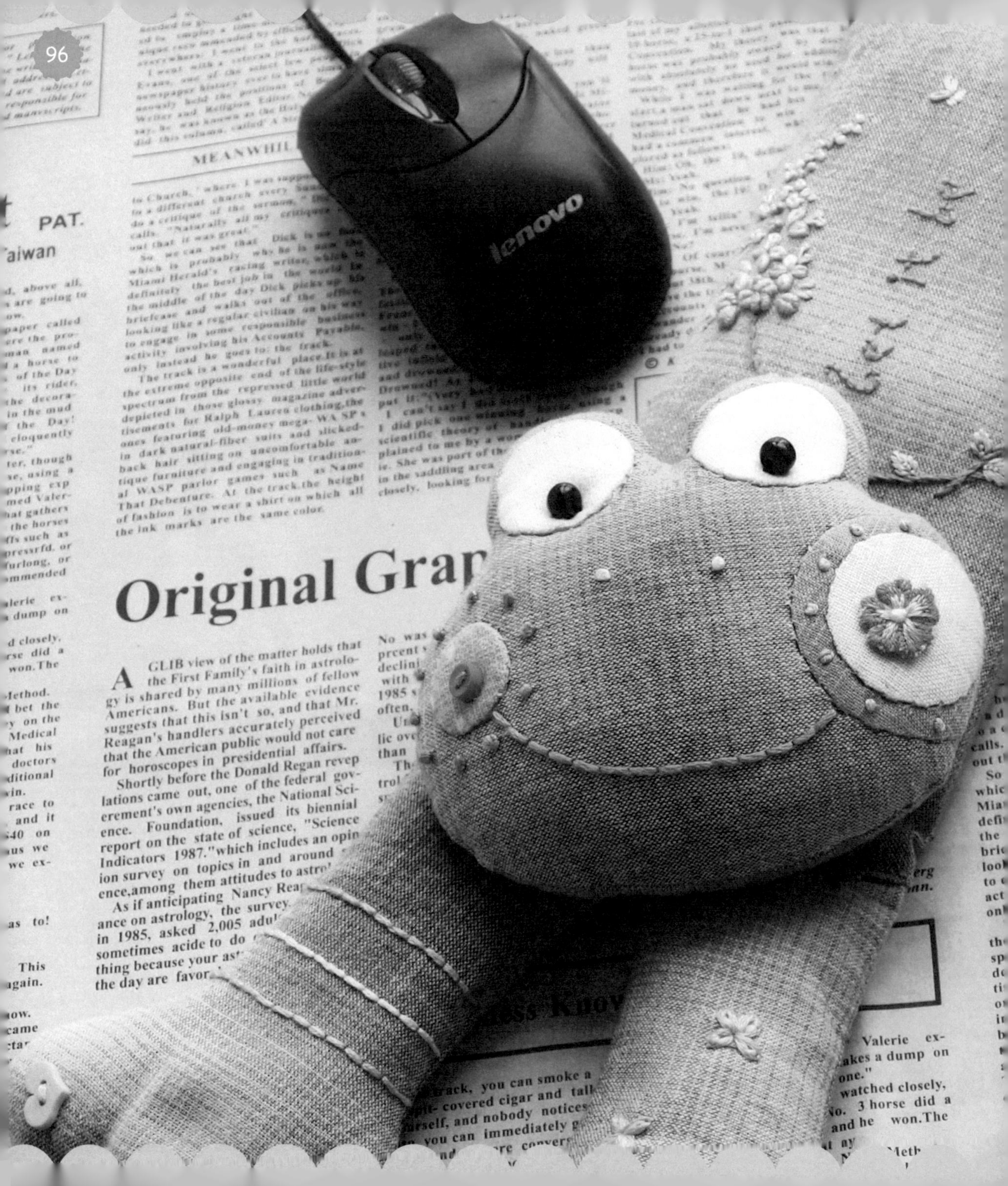
lenovo
MEANWHIL
PAT.
Original

vurePrint PAT.
YUN-DAI CO., LTD. Taipei Taiwan

painstakingly trained and, above
thunderingly stupid horses are go
do. And you just never know.

I used to work at a newspaper,
The Daily Local News where the
fessional handicapper, a man
Francis Mood, once picked a ho
win - I think it was his Pick of the
- only this horse threw its rid
leaped the fence, ran into the decor
tive infield lake, got stuck in the mu
and drowned. The Pick by Da
Drowned! As Francis Mood elo uen
put it:"(Very bad word) horse.

I can't say I did much better, hou
I did pick one winning horse, using
scientific theory of handicapping ex
plained to me by a woman named Valer
ie. She was port of the crowd that gathers
in the saddling area to examine the horses
closely, looking for ttle tip-offs such as
that a specific hor looks depressrfd. or
appears to have an inflamed furlong. or
doesn't have the totl recommended
number of legs or whatever.

" My whole strategy. " Valerie ex-
plained, "is if the horse takes a dump on
the way out, that's the one."

This made sense, so I watched closet
and sure enough, the No. 3 horse did
No. 2, and I bet him, and he won.Th
only winner I had that ay.

I usually bet by the Name Method.
For example, in the sixth race I bet the
last of my all tted betting money on the
0 horse, a 25-to-1 shot named Medical
Conventio . My theory was that his
horse was probably owned by doctors
with absolutely no need for additional
money, and therefore it would win.

While I was waiting for the race to
start,a man sat down next to me, and it
turned out that he had bet S40 on
Medical Convention to win. Thus we
had a common inte ich we ex-
plored as follows:
Him: Oh, the 1
Me: Yeah.
Him: No question
Has to win, the 10

MEANWHILE

que reco mmended by efficiency e
ever wher s: I went to the horse ra
ent with a veteran journalist,
ns, one of the select few people
spaper history ever to have simul
usly ld the positions of Bowling
rit igion Editor. Needless to
say, own as the Holy Roller. " I
did th nn, called' A Stranger Goes

1,650,000 that
mention Michael Dukakis.
And you ever know w
meet. At th elder tr
ami, Dick introduced me t
operator n Vic Lei
happens to be the older b
Steve Lawrence. Really.
l to go childhoos recollections
lay and Steve to singing lessons
Dick re- on, you little(very bad
ns." Vic fon

out that it wa
So we can se
which is probably way b
Miami Herald's racing writer, w
definitely the best job in the world In
the middle of the day Dick picks up his
briefcase and walks out of the office,
like a regular civilian on his way
ible business

I used to work
The Daily Local
fessional handica
Francis Mood, o
hink it

好可爱哦！

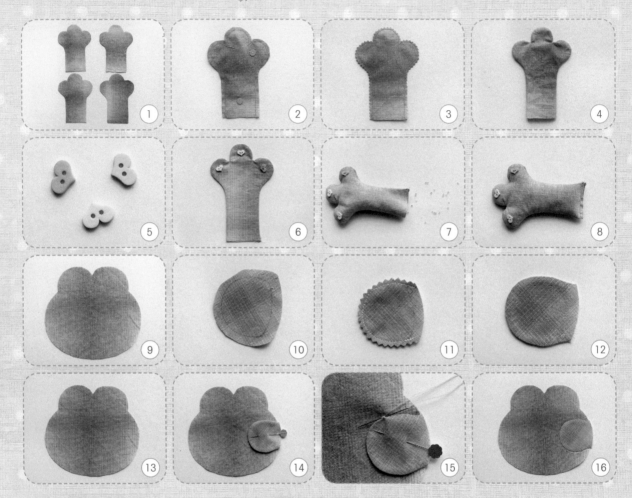

制作过程:

1 剪裁青蛙的脸需要的布料。

2 每两块布料重叠,并用固定针固定好。

3 车缝固定好的两层布料,边沿处用花边剪剪去。

4 从返口处把青蛙脸翻出来。

5 准备粉黄、粉蓝、粉红三色的心形扣子。

6 把心形扣子照图示缝在脸指头上。

7 把小米珠从返口处塞入青蛙脸。

8 接着把返口处车缝固定好,一只青蛙脸就制作好了。收四只同样的脸。

9 剪裁青蛙头部需要的布料。

10 剪裁粉色先染布料一块。

11 加底布留返口车缝好。

12 从返口处把布料翻出来。

13 在青蛙头部画上要拼贴的具体位置。

14 用花瓣针把布料固定在绿色底布上。

15 用藏针缝把布料贴缝在底布上。

16 固定好之后把布料熨烫平整。

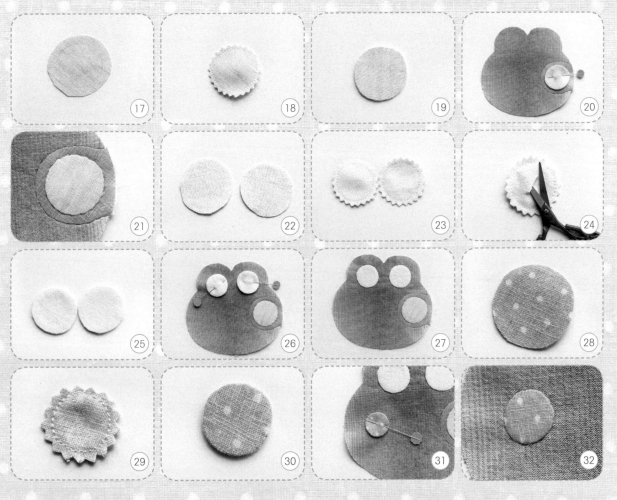

17 剪裁淡绿的棉麻一块。

18 加同样大的一块底布，并车缝固定好。

19 在背面剪一小口，并把布料从这小口处翻出来。

20 用固定针把绿色的布料固定在青蛙头部。

21 用藏针缝把圆形布料贴缝好。

22 剪裁米白的棉麻用作青蛙的眼睛。

23 加同样大小的底布并车缝固定好。

24 在背部用剪刀剪一个开口。

25 从开口处把圆形布料翻出来。

26 用花瓣针把圆形布料固定在青蛙头部。

27 接着用藏针缝把两块白色的布料固定在绿色底布上。

28 剪裁粉底白水玉的棉麻一块。

29 加同样大的底布并车缝固定好。

30 从背部的返口把圆形布料翻出来。

31 用花瓣针固定好青蛙另一边的腮红。

32 接着再用藏针缝贴缝好。

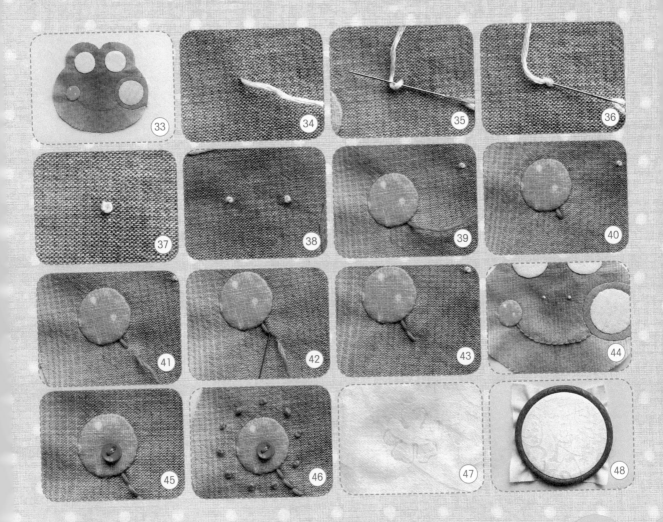

33 在青蛙面部画上鼻子和嘴巴。
34 用白色的绣线在鼻孔处出针。
35 绣线在针上绕一圈。
36 接着再把绕了线的针直直插入布面。
37 布面形成一个结粒绣针迹。青蛙的一个鼻孔就绣好了。
38 接着把剩下的鼻孔绣好。
39 用深粉色的绣线在腮红底出针。
40 在布面做一针长度为两毫米的直针绣。

41 距离第一针两毫米出针。
42 回到第一针的尾部入针。
43 做好一针回针绣。
44 照图示用回针绣绣出青蛙的嘴巴。
45 腮红上装饰一颗肉红色的纽扣作为装饰。
46 围绕腮红一圈绣上结粒绣。
47 在白色布料上画上要刺绣的花朵。
48 把画好的图案装上绣绷。

49 沿着花瓣收缎面绣，每一针都要排列整齐。

50 围绕花朵刺绣一圈缎面绣。

51 接着再用长短针缎面绣填满如图所示的地方。

52 用淡粉色的绣线绣出花瓣最里面。

53 用剪刀小心地沿着花瓣边沿把花朵剪下来。

54 用黄色的绣线绣一针结粒绣把花朵固定在青蛙的面部。

55 加同样颜色的底布车缝好青蛙的头部，边沿处用花边剪剪去多余的布边。

56 用剪刀在背面的布料上剪一个开口。

57 从返口处把青蛙头翻出来。

58 从返口处塞入PP棉。

59 用绿色的手缝线把返口处照图示手缝起来。

60 缝合好之后把线稍微拉紧，使剪开的开口合在一起。

61 青蛙的头部塞棉不要太多，照图所示即可。

62 准备两颗黑色的木珠作青蛙的眼睛。

63 把眼睛照图示固定好。

64 剪裁身体需要的布料一块。

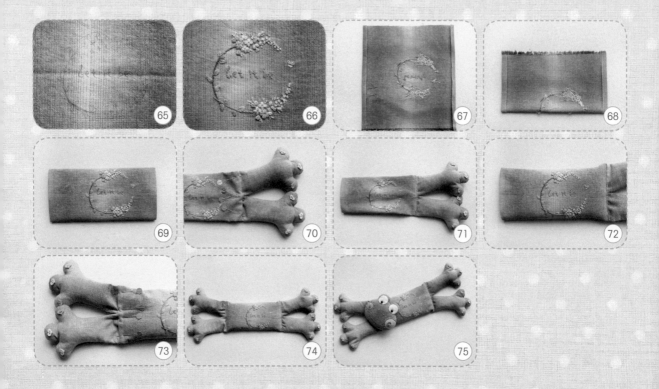

65 在布料中间画上要刺绣的图案。

66 照图示绣好美丽的图案。

67 把绣好图案的布料的布边朝里折。

68 接着照图示对折布料并车缝固定好。

69 车缝好的布料翻出来。

70 用花瓣针把做好的青蛙脚固定在布料里面。

71 车缝好之后去掉固定针。

72 接着在肚子里面也塞上小米珠，注意不要塞得太多了。

73 接着把两只前脚用固定针固定好。

74 车缝固定好之后青蛙的身体就制作好了哦。

75 把头部手缝固定在身体上，一只可爱的青蛙手腕垫就做好了。

野花

所需材料:

米白棉麻，807、3376、3761、3716、818、3348、745、519号绣线各少许。

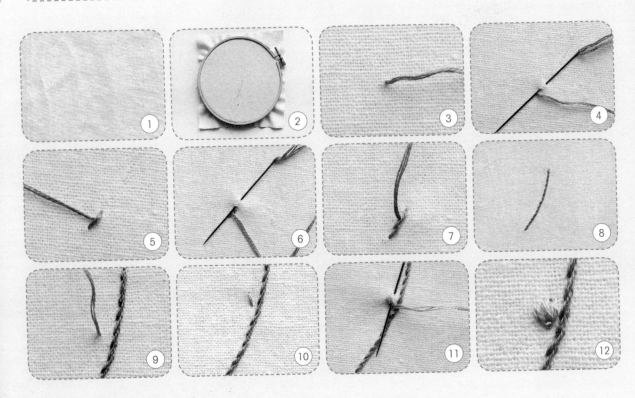

制作过程:

1 在布面绘制上要刺绣的图案。

2 画好图案后把布料装上绣绷。

3 用807号绣线在布料上先出针。

4 照图示出针并回针。

5 接着把绣线拉出来，形成一个T字形。

6 再次回针，在前一针的尾部出针。

7 接着再把线拉出来。

8 用轮廓绣把花枝先绣好。

9 用3376号绣线出针。

10 在布面做一针两毫米的直针绣。

11 围绕直针绣照图示出针。

12 然后把线固定好。

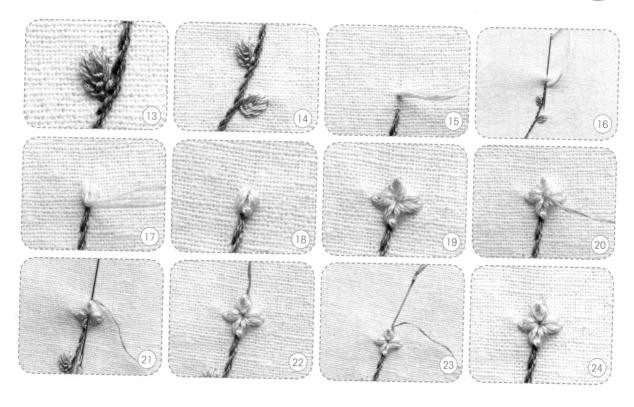

13 做同样的刺绣三次，一片叶子就刺绣好了。

14 接着用3761号绣线绣出另一片相同的叶子。

15 用818号绣线在布面出针。

16 照图示出针把线绕在针尖。

17 把线缓缓拉出，形成一个椭圆的线圈。

18 入针把线圈固定住，一针菊叶绣就制作好了。

19 制作四针菊叶绣，形成一朵小花。

20 用3716号绣线在花心中间出针。

21 照图示在菊叶绣的外沿再做一次菊叶绣。

22 深粉色的绣线包住淡粉的绣线，把线拉出。

23 直直插入绣针，包裹住线圈。

24 把线拉进去，外沿的菊叶绣就制作好了。

25 用同样的方法把四边的花瓣都包裹好。

26 在另一边出针。

27 照图示回针到起点处出针。

28 在针上绕线七圈。

29 接着把绕了线的针拉出来。

30 再次入针,一针卷线结粒绣就制作好了。

31 在卷线结粒绣的另一端出针。

32 照图示出针。

33 在针上再次绕七圈线。

34 把针从线圈里面拉出来。

35 入针把线藏起来,一个美丽的花苞就绣好了。

36 在布面出针。

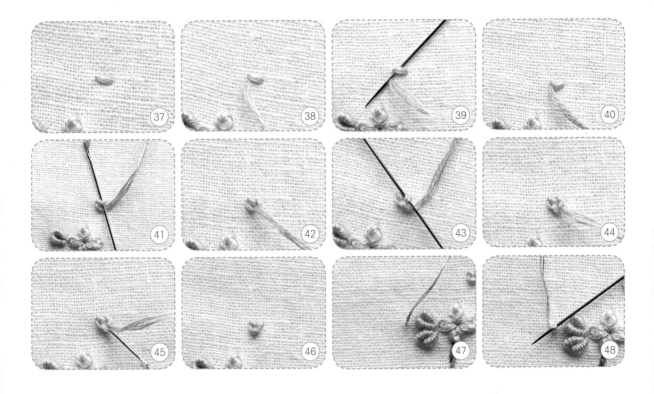

37 做一针两毫米长度的直针绣。

38 在起点的对面出针。

39 照图示从直针绣的上面把针穿过来。

40 把线拉紧，形成图示模样。

41 把线压在针下再从直针绣下把针穿出来。

42 再次把线拉紧。

43 把针穿入线里面。

44 接着把线再拉出来。

45 包裹住边沿的线圈入针。

46 把线拉紧之后一针四角花朵刺绣就制作好了。

47 用3348号绣线在花苞附近出针。

48 在针上绕线一圈。

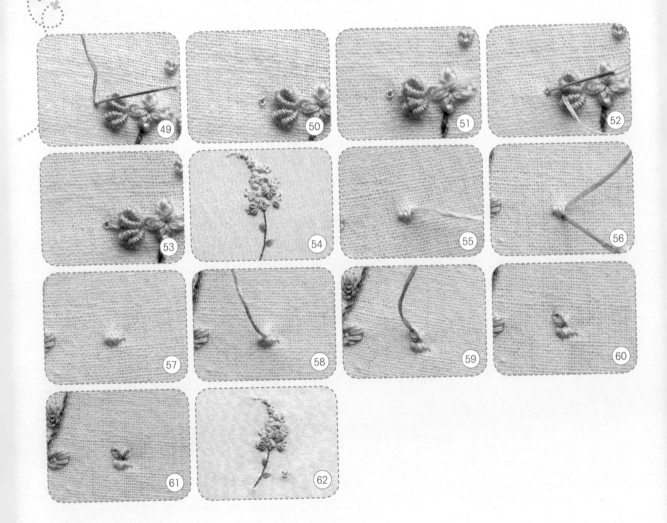

49 把绕了线的针直直插入布面。

50 一针法国结粒绣就制作好了。

51 在两个花苞中间再次出针。

52 接着在结粒绣中间入针。

53 把线拉入布底，一个花蕊就制作好了。

54 照图示刺绣好野花。

55 用745号绣线做不规则的缎面绣。

56 一针紧挨一针认真地刺绣。

57 照图示刺绣好蜜蜂的身体。

58 用519号绣线在身体上面出针。

59 做一个菊叶绣。

60 形状做得稍微修长一点。

61 做好另一只翅膀，小蜜蜂就做好了。

62 一幅美丽的野花刺绣就做好了。

红苹果

所需材料：

红色色织格子布料、红底白水玉棉麻、白底小草莓棉麻、PP棉、牙签、淡绿色花边、咖啡色手缝线。

制作过程:

1 剪裁红色色织格子布料两块。

2 剪裁红底白水玉布料两块。

3 剪裁白底小草莓棉麻一块。

4 把色织格子与草莓布料用花瓣针固定好。

5 车缝固定好的两块布料，起点和终点要回针。

6 把车缝好的布料展开。

7 接着再把红底白水玉布料固定在拼接好的布料边上。

8 车缝固定好的布料。

9 把车缝好的布料展开，我们看见一个半圆已经制作好了。

10 用同样的方法固定好剩下的三块布料，最后的布料拼接时照图示留一个小小的返口。

11 把拼接好的苹果从返口处翻出来。

12 从返口处塞入PP棉。

13 用藏针缝缝合好返口处。

14 制作好的一个拼布球体。

15 用深咖啡的手缝线从一端出针进入另一端。

16 拉紧手缝线，做出苹果两端的凹槽。

17 准备一根牙签。

18 把牙签插入苹果一端的凹陷处，作为苹果的柄。

19 准备一段淡绿色花边。

20 把花边照图示折出一个三角形。

21 把三角形的一边缩缝好，做苹果的叶子。

22 把叶子装饰好，一只美丽的苹果就制作好了。

猫头鹰
零钱包

所需材料：

紫色野木棉、米白棉麻、淡紫色绒布、淡粉底白水玉棉麻，紫色、淡粉、淡黄、米白、玫红绣线各少许，黑色扣子两粒、米白花边一段、铺棉、拉链。

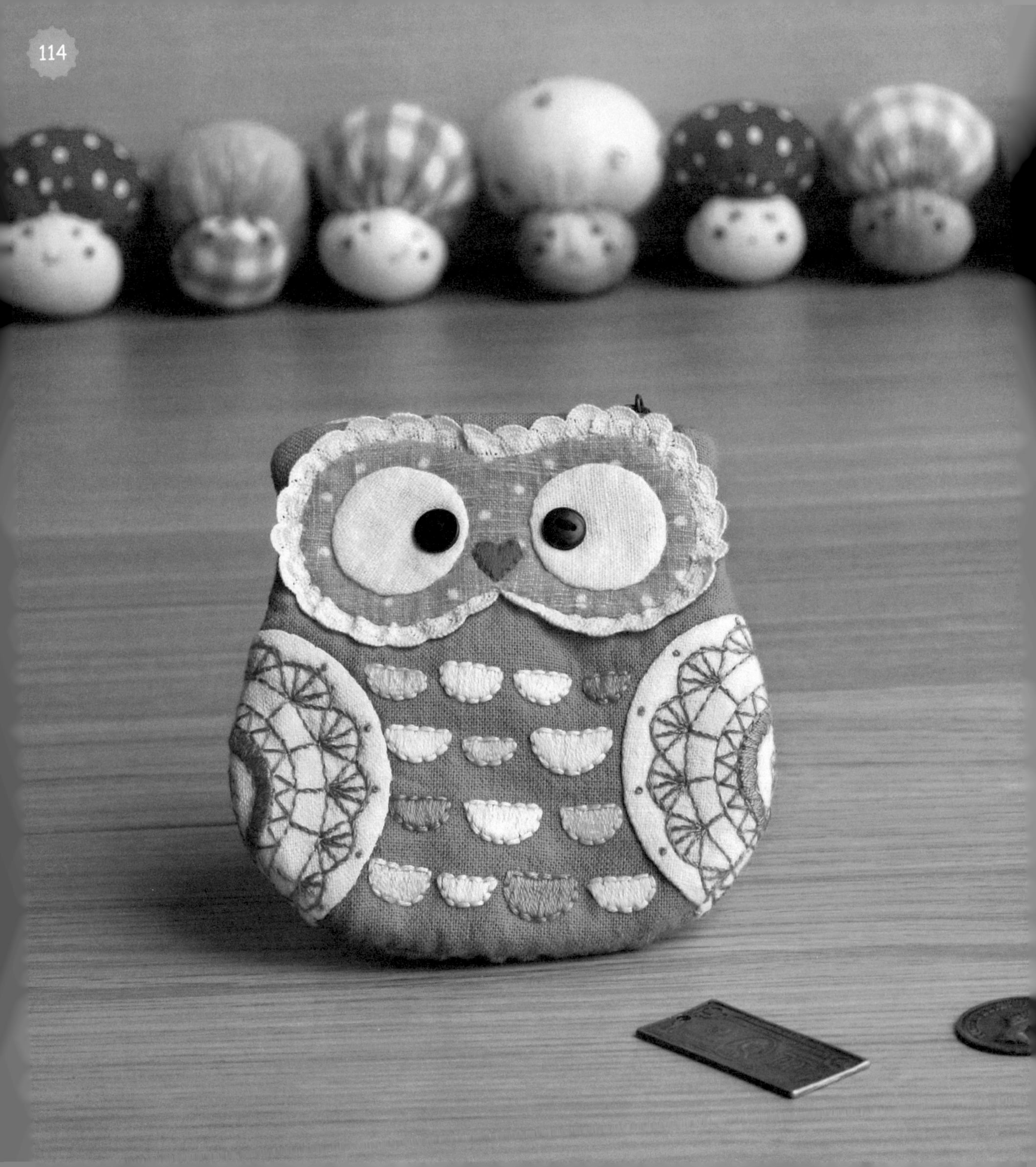

闲适的生活，少不了
手中的一针一线，快乐其实
就这么简单。

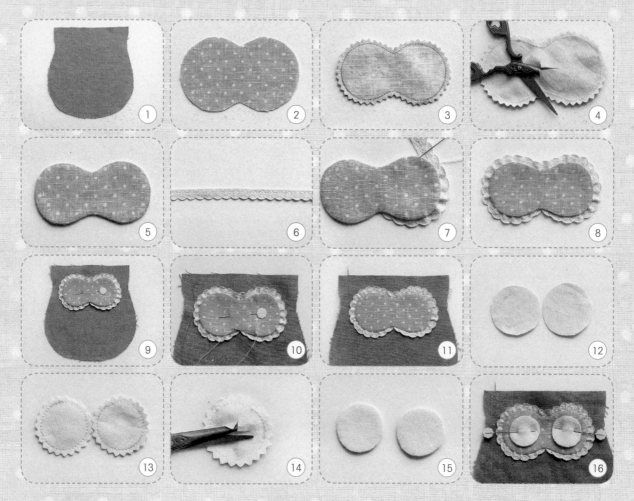

制作过程：

1 剪裁猫头鹰身体需要的布料。

2 剪裁眼睛需要的布料。

3 眼睛的布料下面加底布车缝好。

4 底布上用剪刀剪一个"十"字开口。

5 从开口处把布料翻出来。

6 准备一段白色的花边。

7 把花边照图示手缝在粉色的布料边沿。

8 装饰好花边的布块。

9 把做好的粉色布料用花瓣针固定在猫头鹰头部。

10 接着用藏针缝沿着粉色布料的边沿把布料固定在紫色底布上。

11 注意固定好的布料保持平整。

12 剪裁猫头鹰的眼圈需要的布料。

13 加同样的底布车缝固定住，并剪去多余的布边。

14 照图示用剪刀在布料背面剪一个"十"字开口。

15 把两个白色的眼圈从背面的开口翻出来。

16 用花瓣针固定住两个眼圈在猫头鹰头部。

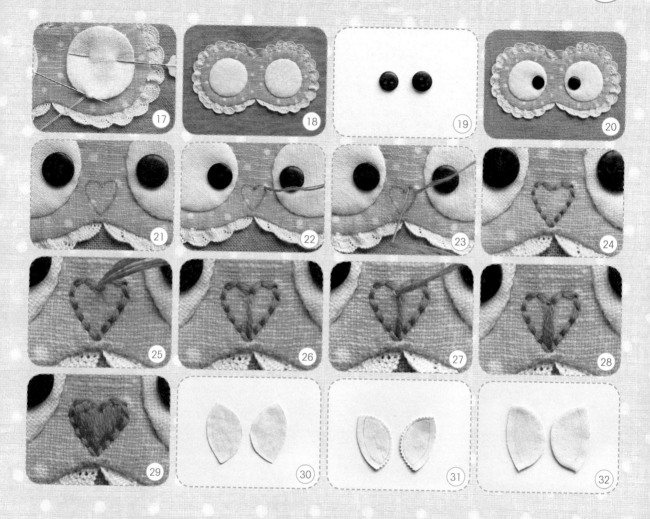

17 接着用藏针缝慢慢贴缝眼圈。

18 照图示把眼圈贴缝好。

19 准备两颗黑色的扣子。

20 把扣子照图示固定在眼圈内部。

21 在两眼之间画一个心形图案。

22 用玫红色的绣线照图示在布面出针收回针绣。

23 接着把针回到第一针的尾部，垂直把针插入。

24 围绕心形绣一圈，做好鼻子的外沿。

25 接着在桃心的正中心顶部出针。

26 把线直直拉入对面。

27 紧靠第一针再次出针。

28 紧挨第一针把针插入。

29 用同样的方法把整个心形填满。

30 剪裁两片米白的棉麻用作猫头鹰的翅膀。

31 加同样的底布留返口车缝固定住两层布料。

32 从返口处把布料翻出来。

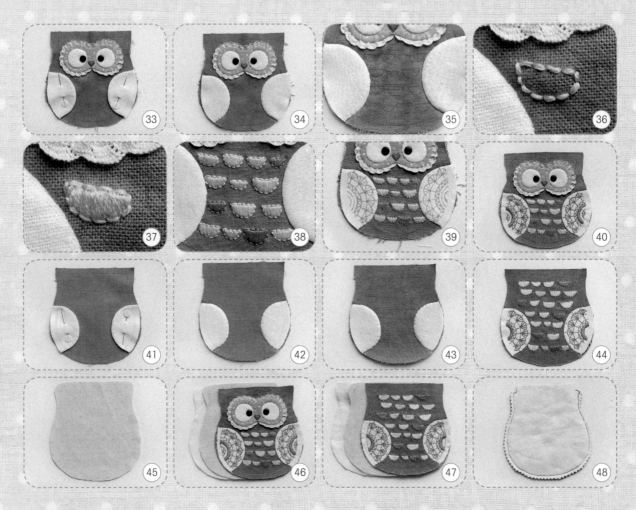

33 用花瓣针把翅膀照图示固定在猫头鹰身上。

34 接着用藏针缝把翅膀贴合在布面。

35 在两个翅膀中间画上需要刺绣的图案。

36 用淡粉色的绣线回针绣出图案的边沿。

37 然后用缎面绣填满半圆的图案。

38 照图示把所有的图案都绣好。

39 在两边的翅膀绘制上需要刺绣的图案。

40 接着用紫色的绣线绣出美丽的图案，猫头鹰的正面就制作好了。

41 在紫色的布料上固定上两只翅膀。

42 用藏针缝贴缝好翅膀。

43 用水消笔画上需要刺绣的图案。

44 照图示刺绣好图案，猫头鹰的背面装饰也制作好了。

45 剪裁淡紫色的绒布用作猫头鹰的内里。

46 照图示依照表布、里布、铺棉的顺序排好三层布料。

47 背面的布料也照图示排列好。

48 把三层布料排列整齐留返口车缝好。边沿处用花边剪剪去多余的布料。

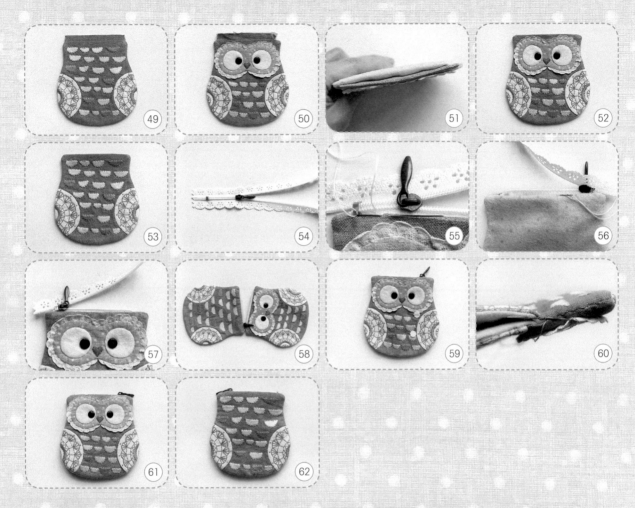

49 从返口处把布料翻出来。
50 猫头鹰的正面也用同样的方式翻出来。
51 把返口处的布料朝里折。
52 折好返口处的猫头鹰的正面。
53 折好返口处的猫头鹰的背面。
54 准备米白色的拉链一根。
55 照图示把拉链的布边放在返口里面，并手缝固定好。
56 背面也照图示手缝固定好。

57 固定好正面拉链的猫头鹰。
58 另一边也照图示固定好。
59 把固定好拉链的猫头鹰的正面和背面用固定针固定好。
60 用紫色的线藏针缝缝合上下两块布料。
61 一个猫头鹰包包就制作好了哦。
62 制作好的猫头鹰包包的背面。

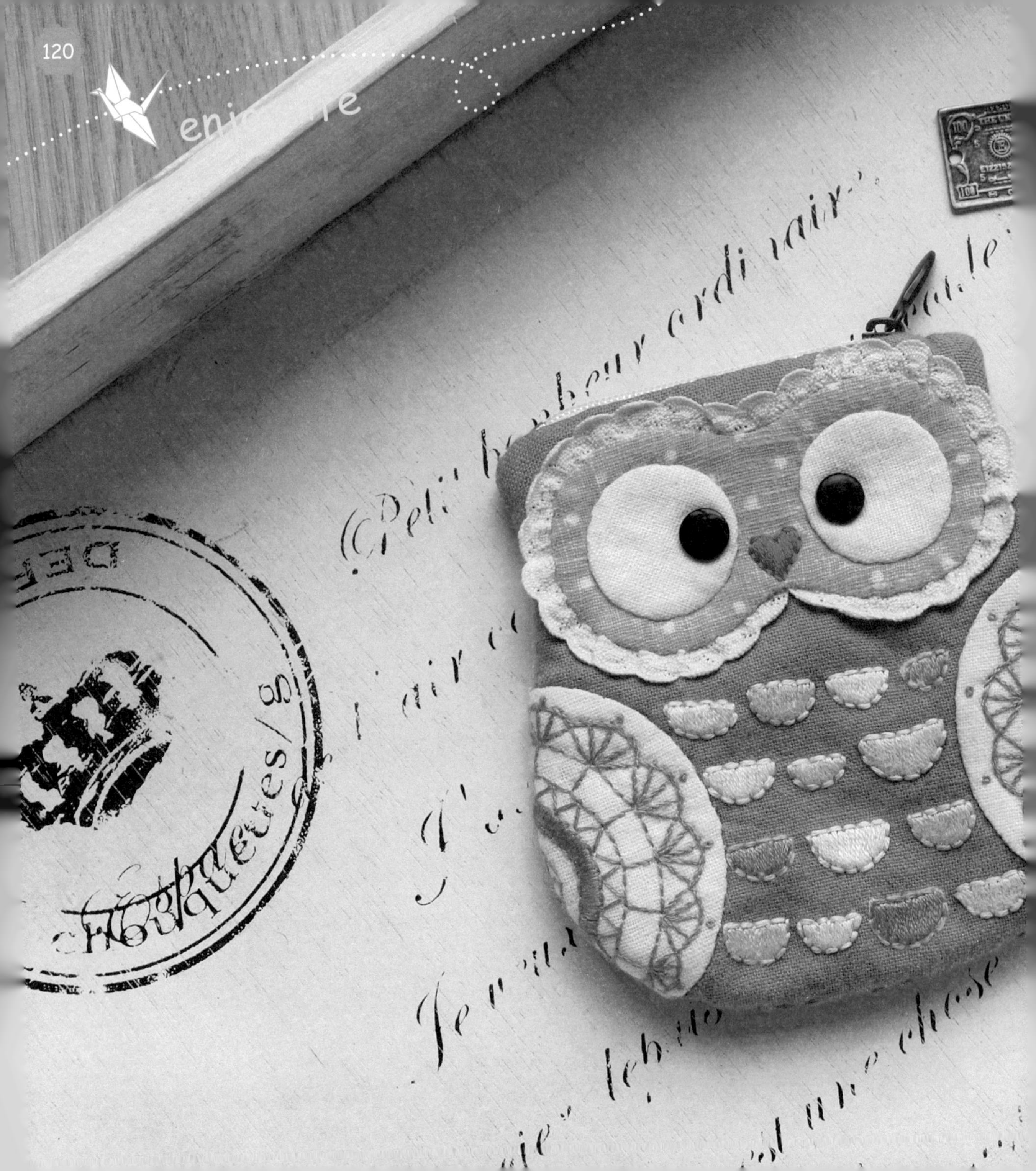

猫头鹰刺绣相框

所需材料:

米白棉麻、紫色绣线、原木相框、玫瑰花造型扣子。

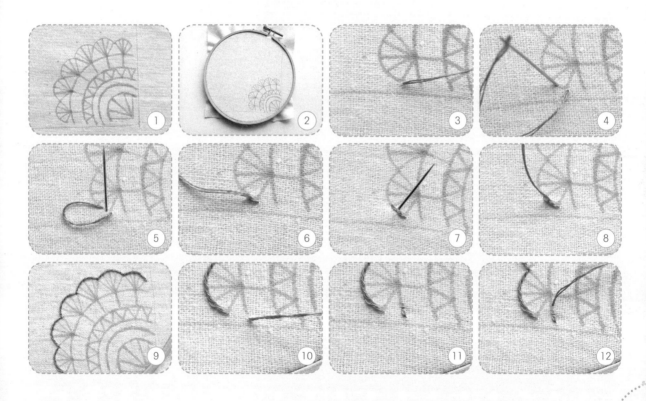

制作过程:

1 在布面画上要刺绣的图案。

2 把画好图案的布料装上绣绷。

3 先从图案的最边沿出针。

4 接着照图示入针,针距为两毫米左右。

5 然后在两针之间出针。

6 把线拉紧。

7 接着再紧接第一针的尾部出针。

8 再把线拉出,线不要拉得太紧。

9 用轮廓绣绣好图案的边沿。

10 接着再从另一排出针。

11 做一个长度为一毫米的刺绣针迹。

12 在距离第一针一毫米的地方出针。

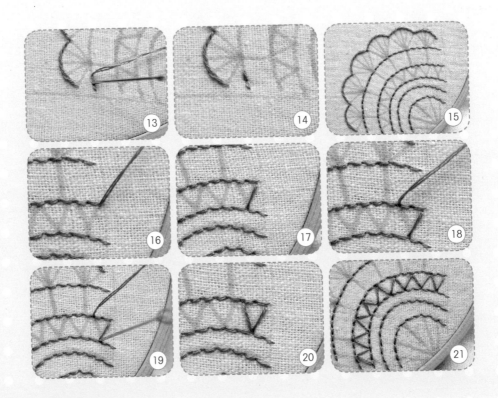

13 回到第一针的尾部入针。

14 把线拉进去，不要拉得太紧。

15 用回针绣绣好如图所示的部分。

16 在图示位置出针。

17 沿着画线做一针直针绣。

18 再从另一边把线拉出。

19 与第一针的尾部交会。

20 做好一个 "V" 字形的刺绣。

21 用同样的针法刺绣好剩余的部分。

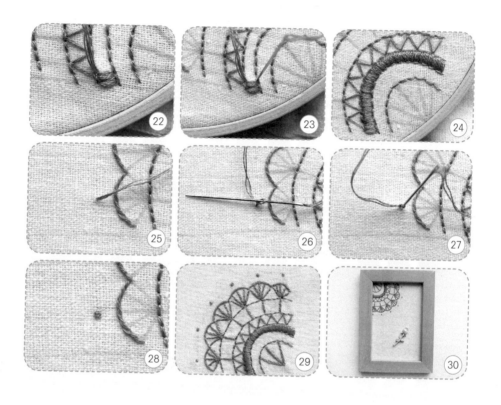

22 接着用缎面绣刺绣图中所示部分。

23 照图示一针紧挨一针进行刺绣。

24 密密实实地刺绣上一圈。

25 在小点处出针。

26 在针上绕一圈线。

27 接着直直把针插入。

28 把线拉紧，一个结粒绣就制作好了。

29 把剩余的小点都照图示刺绣好。最后用轮廓绣绣出圆心的部分。刺绣就制作好了。

30 照图示把绣图装裱好，一个美丽的相框就制作好了哦。

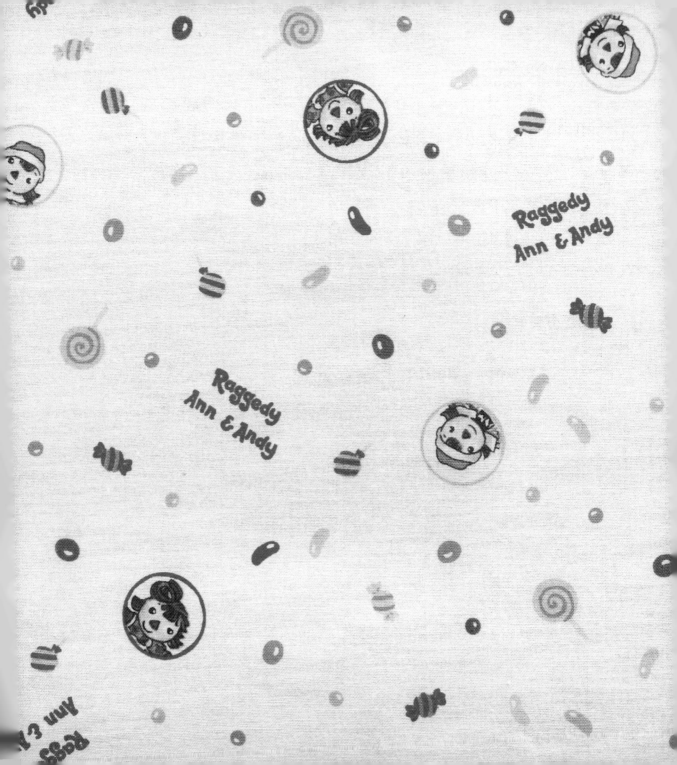

红马
毛巾挂

所需材料：

红色毛呢、白色毛呢、米白棉麻、红底白水玉棉麻、白底红水玉灰色不织布、铺棉、白色绣线、红色绣线、灰色绣线、米白花边、眼珠一颗、铁丝圈一个。

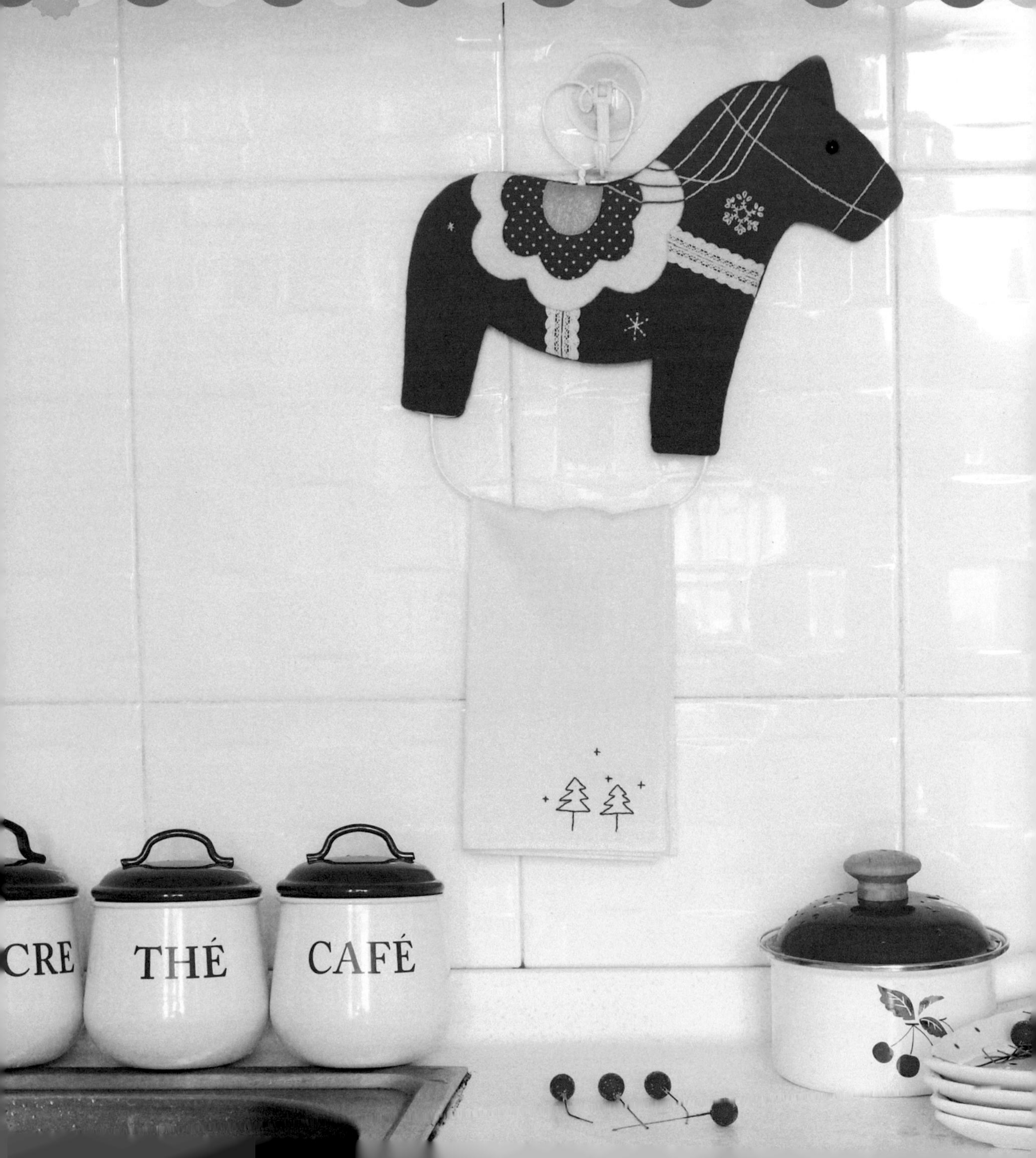
CRE
THÉ
CAFÉ

冬天的厨房

厨房盘子叮咚响
纺马笃笃跑过来
迷迭香烤鱼滋、滋、滋
寒冷的冬天
雪花飘舞的季节
最适合闻着醉人的迷迭香烤鱼
与纺马一道
分享窗外路边的街景

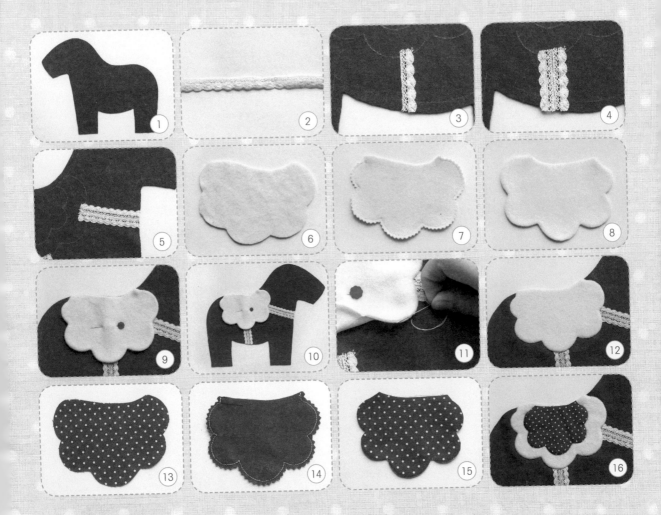

制作过程：

1 剪裁马的身体需要的布料。

2 准备米白的花边一段。

3 照图示把花边车缝好。

4 再车缝上另一边的花边。

5 脖子处的花边也照图示车缝好。

6 剪裁背部装饰需要的毛呢一块。

7 加一块底布留返口车缝好。照图示把布边剪好。

8 从返口处把布料翻出来。

9 把布料固定在红色底布上。

10 照图示位置固定好。

11 接着用藏针缝把布料贴缝在底布上。

12 固定好白色的马鞍在红色底布上。

13 剪裁红色的布料用作马鞍上的装饰。

14 加底布留返口车缝好。

15 从返口处把布料翻出来。

16 然后把装饰用藏针缝固定好。

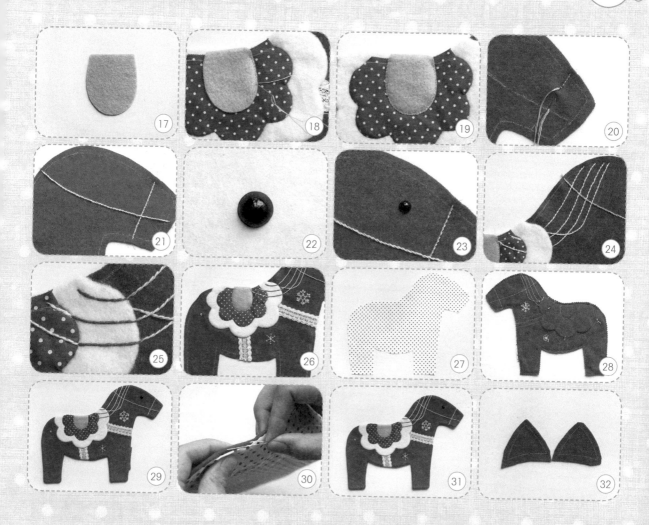

17 剪裁灰色的不织布一块。

18 用直针绣把灰色不织布固定好。

19 照图示固定好灰色的不织布。

20 用灰色的绣线在马头上进行装饰，针法为轮廓绣。

21 照图示用轮廓绣绣好两条线条。

22 准备一颗黑色的眼睛扣子。

23 把眼睛扣子用胶水固定在马头上。

24 白色绣线用轮廓绣绣出马的鬃毛。

25 接着再用红色的绣线把剩余的地方绣好。

26 接着绣上几朵雪花进行装饰。

27 剪裁白底纱水玉的布料用作里布。

28 加里布和铺棉留返口车缝好小马。

29 把小马从返口处翻出来。

30 返口处用藏针缝缝好。

31 做好了小马的身体正面。

32 剪裁两片马耳朵需要的布料。

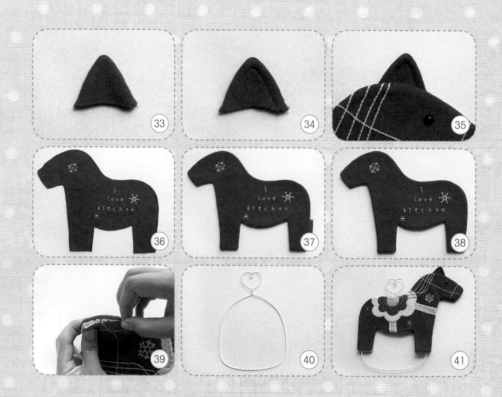

33 两块布料重叠留返口车缝好并翻出来。

34 绕马耳朵车缝一圈装饰线。

35 把马耳朵固定在头顶。

36 照图示做好小马的背面。

37 加里布铺棉留返口车缝好之后把小马翻出。

38 把返口处手缝好，针法为藏针缝。

39 把前后两个马的身体用藏针缝连接起来。

40 边拼接边准备一个如图所示的铁圈，并把铁圈也固定在小马身体里面。

41 一个美丽的小马毛巾挂就制作好了哦。

毛巾刺绣

所需材料：

米白棉麻、红色绣线。

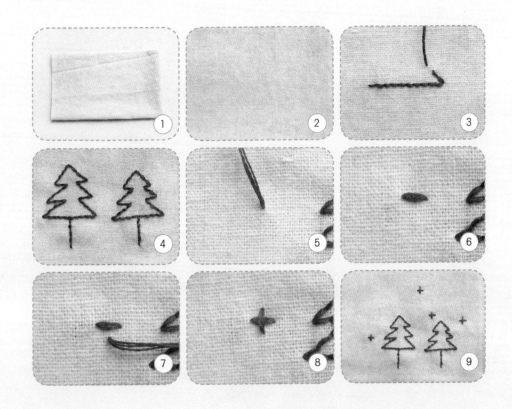

制作过程：

1 准备一块长为45厘米，宽为25厘米的米白棉麻，把四边的布边车缝固定好。

2 在棉麻的一角画上要刺绣的图案。

3 用红色的绣线回针绣沿着树的轮廓进行刺绣。

4 用回针绣绣好两棵树。

5 在十字的一端出针。

6 沿着图案做一针直针绣。

7 接着从另一端出针。

8 然后做一个十字刺绣。

9 绣好剩余的十字雪花，一幅美丽的小刺绣就制作好了。

图书在版编目（CIP）数据

手作布玩偶 / 廖娟编著. -- 修订本. -- 重庆：重
庆出版社，2014.2

ISBN 978-7-229-07594-1
Ⅰ．①手… Ⅱ．①廖… Ⅲ．①布料－手工艺品－制作
Ⅳ.①TS973.5

中国版本图书馆CIP数据核字（2014）第027470号

手作布玩偶 (修订本)
SHOUZUO BU WANOU

廖娟　著

出 版 人　罗小卫
责任编辑　杨　帆　夏　添
责任校对　廖应碧
封面设计　刘　洋　杨　帆　夏　添
版式设计　刘　洋　杨　帆　夏　添

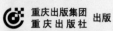

重庆出版集团
重庆出版社　出版

重庆长江二路205号　邮政编码：400016　http://www.cqph.com
重庆市金雅迪彩色印刷有限公司印制
重庆出版集团图书发行有限公司发行
E-MAIL:fxchu@cqph.com　邮购电话：023-68809452
全国新华书店经销

开本：889mm×1194mm　1/24　印张：5.5
2014年2月第1版　2014年2月第1次印刷
印数：1-8 000
ISBN 978-7-229-07594-1
定价：29.00元

如有印装质量问题，请向本集团图书发行有限公司调换：023-68706683